草原民俗风情漫话

漫话蒙古袍

田宏利／编著

内蒙古人民出版社

图书在版编目(CIP)数据

漫话蒙古袍/田宏利编著. –呼和浩特:内蒙古人民
出版社,2018.1(2020.6重印)
(草原民俗风情漫话)
ISBN 978-7-204-15228-5

Ⅰ.①漫… Ⅱ.①田… Ⅲ.①蒙古族-服饰文化-
介绍-中国 Ⅳ.①TS941.742.812

中国版本图书馆 CIP 数据核字(2018)第 005360 号

漫话蒙古袍

编 著	田宏利	
责任编辑	王 静	
责任校对	李向东	
责任印制	王丽燕	
出版发行	内蒙古人民出版社	
地 址	呼和浩特市新城区中山东路 8 号波士名人国际 B 座 5 楼	
网 址	http://www.impph.cn	
印 刷	内蒙古恩科赛美好印刷有限公司	
开 本	880mm×1092mm 1/24	
印 张	8.5	
字 数	200 千	
版 次	2019 年 1 月第 1 版	
印 次	2020 年 6 月第 2 次印刷	
书 号	ISBN 978-7-204-15228-5	
定 价	36.00 元	

如发现印装质量问题,请与我社联系。联系电话:(0471)3946120

编委会成员

序

　　北方草原文化是人类历史上最古老的生态文化之一，在中国北方辽阔的蒙古高原上，勤劳勇敢的蒙古族人世代繁衍生息。他们生活在这片对苍天、火神、雄鹰、骏马有着强烈崇拜的草原上，生活在这片充满着刚健质朴精神的热土上，培育出矫捷强悍、自由豪放、热情好客、勤劳朴实、宽容厚道的民风民俗，创造了绵延千年的游牧文明和光辉灿烂的草原文化。

　　当回归成为生活理想、追求绿色成为生活时尚的时候，与大自然始终保持亲切和谐的草原游牧文化，重新进入了人们的视野，引起更多人的关注和重视。

　　为顺应国家提倡的"一带一路"经济建设思路和自治区"打造祖国北疆亮丽风景线"的文化发展推进理念，满足广大读者的阅读需求，内蒙古人民出版社策划出版《草原民俗风情漫话》系列丛书，委托编者承担丛书的选编工作。

　　依据选编方案，从浩如烟海的文字资料中，编者经过认真而细致的筛选和整理，选编完成了关于蒙古族民俗民风的系列丛书，将对草原历史文化知识以及草原民俗风情给予概括和介绍。这套丛书共 10 册，分别是《漫话蒙古包》《漫话草原羊》《漫话蒙古奶茶》《漫话草原骆驼》《漫话蒙古马》《漫话草原上的酒》《漫话蒙古袍》《漫话蒙古族男儿三艺与狩猎文化》《漫话蒙古族节日与祭祀》《漫话草原上的佛教传播与召庙建筑》。

丛书对大量文字资料作了统筹和专题设计，意在使丰富多彩的民风民俗跃然纸上，并且向历史纵深延伸，从而让读者既明了民风民俗多姿多彩的表现形式，也能知晓它的由来和在历史进程中的发展。同时，力求使丛书不再停留在泛泛的文字资料的推砌上，而是形成比较系统的知识，使所要表达的内容得到形象的展播和充分的张扬。丛书在语言上，尽可能多地保留了选用史料的原创性，使读者通过具有时代特点的文字去想象和品读蒙古族民风民俗的"原汁原味"，感受回味无穷的乐趣。丛书还链接了一些故事或传说，选登了大量的民族歌谣、唱词，使丛书在叙述上更加多样新颖，灵动而又富于韵律，令人着迷。

这套丛书，编者在图片的选用上也想做到有所出新，选用珍贵的史料图片和当代摄影家的摄影力作，以期给丛书增添靓丽风采和厚重的历史感。图以说文，文以点图，图文并茂，相得益彰。努力使这套丛书更加精美悦目，引人入胜，百看不厌。

卷帙浩繁的史料，是丛书得以成书的坚实可靠的基础。但由于编者的编选水平和把控能力有限，丛书中难免会有一些不尽如人意的地方，敬请读者诸君批评指正。

编　者

2018 年 4 月

目录 contents

目录
contents

发达的东西方贸易，使大蒙古帝国的服饰艺术，从13世纪开始便闪耀着夺目的光辉。

苍狼和白鹿的美丽传说，成就了《蒙古秘史》中成吉思汗祖先的传奇开篇。这位雄才大略的一代圣主和他的继承者们，犹如一股不可阻挡的洪流席卷了大半个地球，欧亚陆地上的大多数国家，在蒙古铁骑的推进过程中，纷纷进了大蒙古的帝国时代，以元大都（今北京）为中心，在杭州，在哈喇和林，在大不里士和

伊斯坦布尔，在莫斯科，在德里，甚至在遥远的罗马，都在同时发生着东西方经济、文化、艺术的碰撞交融和流动。

成吉思汗的孙子旭烈兀，于公元 1258 年率领大军攻占了巴格达，建立了伊尔汗国，定都大不里士。这座城市随即通过大规模的经济活动，一跃发展成为当时新兴发达的文化艺术中心，同一时期在巴格达、大不里士等地，相继出现了大批波斯风格与中国画画风相结合的细密画作品。当时的波斯细密画，把宫廷贵戚和市井平民的社会生活状态，在画师们笔下描绘得淋漓尽致。特别是画师们用多角度、多层次的视觉平面，全方位地绘就了当时在东西方文化融合交流之下，蒙古汗国宫廷内的各种社会政治活动以及蒙古贵族们盛大奢华的生活场景。

盛装的宴会在千里之外的波斯重复上演着，汗王头戴栖鹰金冠，身穿纳石失（波斯语，织金绵）龙纹锦袍，金玉腰带闪烁着

耀眼的光芒，手托长颈琉璃杯中的美酒，带着些许的醉意；身着速不都纳石失（波斯语，缀小珠的金锦），头戴嵌珠卷云冠的年轻王子与波斯异密（波斯语，幕僚）和宫廷大臣们商议着领地国事；雍容华贵的王后在提袍侍女的陪同下，审视着宫廷宴会前的准备工作；颇有一番在元大都时"凉殿参差翡翠光，朱衣花帽宴亲王。红帘高卷香风起，二六天魔舞袖长。"的场景再现，仿佛昔日熟悉的马背生活已是遥远的记忆。

曾任伊尔汗国宰相的波斯人拉失德丁，在记录成吉思汗及其子孙铁血征程的《史集》细密画中，曾有过对于象征地位、财富的华丽服饰的描述："即使屠城之战也要留下那里的工匠，赏赐立功者荣袍、织物、珠宝、金腰带，盛装出游，大摆质孙宴。"

"净刹玉豪瞻礼罢，回程仙驾驭苍龙"的豪气，荡漾在大元

帝国与四大汗国统治者和蒙古贵族们的笑容里，他们金玉冠帽和佩戴满身的金珠宝玉，都在这些商贸发达的城市中流光溢彩。

　　发达的东西方贸易，使大蒙古帝国的服饰艺术，从 13 世纪开始便闪耀着夺目的光辉。那个时代，曾亲身经历过窝阔台汗之子——贵由汗登基大典时的外国人，是这样描述当时的场景的："是夜，所有的男人和女人，少男和少女，都穿上美丽的衣服，其闪耀和明亮，致使晚上的星星因妒忌而想在隐没时刻之前四散。"马可·波罗亦曾描述："每次大汗与彼等同色之衣，每次各易其色，足见其事之盛，世界之君主殆无有能及之者也。"正所谓"千官一色珍珠袄，宝带攒装稳称腰。"元朝诗人萨都剌的《上京杂咏》中叹道："一派箫韶起半空，水晶行殿玉屏风。诸生舞蹈千官贺，高捧葡萄寿两宫。"这是蒙元史上最为著名的"质孙宴"。

　　"质孙服"不仅反映了蒙元帝国难以逾越的服饰艺术、体制和盛大的忽里勒台大会的形制，同时，也从一个侧面充分展示出蒙元时期东西方文化交流的盛况。

　　现珍藏于柏林国家图书馆普鲁士文化遗产区，位于中东风格的展厅里面，有一副金纸油彩画《登基现场》，画中描绘了当时大蒙古帝国所有服饰的辉煌，画中的男人们戴着与众不同的鹰羽冠帽，女人们则要戴稳头上那顶插着孔雀翎、象征皇戚勋臣正妻、拥有强大政治权利、被称为顾姑冠（蒙元时期蒙古妇女的冠帽）的圆锥形高帽。

　　近现代的考古学家们，相继在俄罗斯的伏尔加河、顿河流域的朱赫塔、凡儿勃费老格、诺沃巴普洛夫斯基等地的一些 13 世纪到 14 世纪的蒙古贵族墓葬中，发掘到了许多十分精美的织金锦服饰残片，上面刺绣着龙纹、凤纹、大雁纹、射猎天鹅、云中飞燕、花瓶、鱼、鹦鹉、牡丹花等各个国家的吉祥图案，都证明了那段灿烂的文化和交流的史实。

今天的人们，应该感谢那个时代所有的杭州和巴格达的金锦织工们，是他们巧夺天工的技艺，为我们展示了大蒙古时代登峰造极的服饰艺术。

02

蒙古族先民们的服饰混搭风

从远古时代到新石器时代末，蒙古高原古人类的服饰，已经初步形成。

尽管在不同的历史时期，蒙古先民们曾以各种不同的称呼出现，但他们的服饰总是以自己的发展规律，从不间断地发展着、演变着。因此，应把不同历史时期不同款式风格的蒙古民族服饰连贯起来看，才能对蒙古民族服饰的起源、形成和发展变化有完整的理解。

蒙古族服饰的起源可追溯到人类产生和发展的遥远年代。这是人类无文字记载的史前时期，所以，讲述那个时代的服饰，只有以地质、考古资料为依据。

据有关蒙古高原地质、考古资料证实，当时的自然环境，对蒙古高原古人类服饰的产生和发展，起到了重要地推动作用。

　　蒙古高原大漠南北，是人类文明发源地之一。那时，著名的河套人就繁衍生息在鄂尔多斯高原上。他们用自己的辛勤劳动和聪明智慧，开发了鄂尔多斯高原。在旧石器时代后期，蒙古高原古人类不仅利用鹿角、狮子、大象等野兽的牙齿来制作扎枪、箭镞等狩猎骨器，而且还制作类似骨锥、骨针等缝纫工具，还用马尾、鹿筋和植物纤维做成线坯子，拼接经过鞣制的各种野兽皮，用来制作衣、帽、靴之类服饰，从而脱离了以前靠围护腰或披搭野兽皮的生活。这实际上是蒙古高原古人类手工缝纫工艺的开端。

　　从事狩猎业以后，蒙古高原古人类开始以兽皮加工制作衣服。随着畜牧业经济的发展，衣着渐以家畜皮制作，但很简朴。据《蒙古秘史》记载，羊皮短衣是古代蒙古人主要的服装。在古代北方游牧民族的岩画上，可以看到蒙古高原的古人类，在腰间围着一

条短短的兽皮裙，头上插着长长的羽毛，有的臀部还有尾饰。而且当时已经有了大量粗拙的石环、骨饰等物品，说明在很早以前，北方游牧民族就有审美意向和审美追求了。

到新石器时代，蒙古高原古人类社会出现了显著的发展变化。随着生产工具的更新，人们从狩猎和渔业走向发展饲养家畜和种植业。那时人们不仅广泛使用比较精致的石刀、石臼、石磨、石犁等生产工具，而且掌握了制陶技术和使用较精致的骨针、骨锥等缝纫工具，学会用家畜的皮毛缝制或编织较得体的各种服饰。从各地发现的洞画、岩画中，可以感受到蒙古高原古人类对服饰式样和色彩的追求的天资。那时，人们在制作各种服饰的具体实践中逐渐积累了不少经验，从而进一步丰富了自己的智慧，有了初步的裁剪、缝纫和编织等有关服饰方面的手工技艺。可见人们的衣冠服饰是随着人类社会活动的进步逐渐产生的。

从远古时代到新石器时代末，蒙古高原古人类的服饰，已经初步形成。其形成过程正如《蒙古风俗鉴》中所述："从远古以来，蒙古人的穿着出现了一系列演变。最初用护腰挡身，后来又制作了有领口、有系带的衣着，可以把它系在胸前披着走。而后人们逐渐制作起适合人体的有领子、袖子并有开衩的长袍，穿时用系带固定。"

公元前 22 世纪至公元前 11 世纪，蒙古高原已有了青铜文化。

青铜器的出现对人类社会的发展起到巨大地推动作用。人们用青
铜能制作刀斧、马具、缝纫用具和妇女头饰。从蒙古高原各地出
土的青铜器中，可见到与服饰有关的铜刀、铜锥、铜针等用具，
以及带扣、扣子、耳环、耳坠、戒指、头戴等青铜装饰品。可见
这一时期青铜文化达到了相当高的水平。在青铜器时代蒙古先民
的服饰已进入了较为完备的阶段，人们从头到脚穿戴用皮毛和细
毡做成的各种服饰。那时人们的想象力和审美观已达到了一定的

高度。例如，已出土的鄂尔多斯青铜器中，就有较精致的连珠状铜饰、双珠兽形头饰、管状棒状装饰品、饰针、人形铜饰等。

公元前3至公元前4世纪，蒙古高原已进入铁器时代。那时，手工缝纫工具已经被铁质工具所代替，随着民间以制作各种装饰品为主的能工巧匠队伍的扩大，进一步提高了服饰的制作工艺水平。

03

历朝历代的蒙古族服
饰流行风

大量中原和西方的纺织品通过商业活动进入蒙古地区，元朝的手工业也非常发达，在江南各地建立了大量制作纳石失的作坊和官办织造。

　　据考古资料记载，蒙古族的服饰是与我国古代北方游牧民族服饰是一脉相承的。据《汉书·匈奴传》记载，"食畜肉""皮毡裘"的匈奴妇女的头饰与察哈尔妇女的头饰非常相似，而匈奴的服饰文化又传给了鲜卑、柔然、突厥等北方游牧民族，当然也传给了蒙古族。而这些民族服饰的一个共同特点就是为适应高原气候而产生，大多以皮料为主。

在蒙古国诺彦乌拉出土的文物中，有贴有动物图案的纳线毛毡，用河狸、貂鼠、水獭皮为边缘的长袍，胸前有胸罩结构的女袍，还发现了绣有动物犄角图案的薄缎，其刺绣工艺独具特色。他们的服饰除了有各种皮毛和毡子等元素的自然色调之外，

还普遍运用鲜红、鲜绿、蔚蓝、金黄等颜色。从他们的刺绣、贴花、镶边、编织等手工艺中，也能看出当时缝纫工具的发展程度。

随着蒙古族与其他民族的交往，尤其是唐宋以后，大批的布匹、绸缎、天鹅绒织锦进入蒙古族各地，以毡、皮毛、皮革制作服饰的单一局面被打破。在样式上，蒙古族吸收了突厥、契丹的圆领长袍，束腰罩幞头，穿短靴等适于牧猎的服装，到13世纪，又改北方民族服装上"左衽"的鲜明特点为"右衽"，这就是蒙古袍。据13世纪蒙古汗国时代有关文献的记载：其服为右衽（当时的突厥为左衽），道服领，少数为方领，以毡、皮、革、帛制作，衣肥大，长拖地，冬服二裘，一裘毛向内，一裘毛向外，男女样式相似。

公元1206年，铁木真统一蒙古高原的游牧部族，被推举为成吉思汗，建立了大蒙古国。从此，蒙古高原上出现了一个地域性统一共同体——蒙古族。

纳石失辫线长袍

蒙古民族的形成把草原服饰文化提高到了崭新的发展阶段。在成吉思汗统一毡帐诸部之前，由于相同的生产方式和生活习俗，各部族的衣冠服饰基本相同。但是，由于各部族有各自的族源和各自的信奉物，部族之间的服饰，在某些款式风格方面也有不同之处。成吉思汗在建立大蒙古国之后，服饰的款式风格和基本色彩趋于统一。不过在民间，不同款式风格的服饰也仍然存在。这也是人类服饰发展史上的必然现象。

元朝是中国历史上唯一一个不重农抑商的朝代。这个朝代，大量中原和西方的纺织品通过商业活动进入蒙古地区，元朝的手工业也非常发达，在江南各地建立了大量制作纳石失的作坊和官办织造。从那时起，各种丝织品、纺织品就大量进入蒙古地区成为蒙古人夏季服装的面料。

很早以前回族商人已将中亚出产的一种名叫"纳石失"的织物运销到了蒙古。"纳石失" 是波斯语，意思为织金锦，是元朝最受欢迎的，原产于中亚的一种以金缕或金箔切成的金丝作纬线织制的锦。据波斯史学家拉施都丁记载，成吉思汗西征之前，有一个花剌子模商队运了许多金锦、布匹到蒙古贩卖，为首的富商索价太高，每匹金锦要三个金巴里失（锭）。成吉思汗大怒，命人将库中所存的此类金锦拿给这个商人看，表示这种物品对他来说并不新奇。

由于军事上的胜利和版图的扩展，欧亚两洲的金银财宝、绫罗绸缎，云集蒙古地区，这在客观上为蒙古族服饰的发展变化提供了物质材料，达到了"他们的日常服饰都镶以宝石，刺以金镂"（《世界征服者史》）的程度。大蒙古国和元朝是对亚洲草原几千年的游牧文明进行规范，并把它提高到封建制高度的创新时期。因此在服饰领域也不例外，规定了很多制度，如蒙哥汗于 1252 年、忽必烈汗于 1275 年都颁布了法令，其中除包括官场礼服——质孙服的穿着规定以外，从皇帝到百姓，在什么场合、什么地点穿着什么样的服饰都做了严格的规定。

1368 年，元朝统治者失去了对中原的统治，蒙古社会进入了一个动荡而变化多端的"北元"历史时期。北元政权同明朝政府打打和和了好多年，到了阿勒坦汗时期才重新开始与中原建立了相对稳定的商贸关系，土默特以及东部地区相继出现了农业种植区，部分蒙古人改变了游牧的生活方式。与此同时全面引进藏传佛教，蒙古人的价值观也发生了变化，这两件大事在表达审美意识的服饰文化中得到了体现。北元晚期在蒙古服饰中出现的另一个较大变化是各个部落服饰开始形成，这与

依泰汗国的王宫贵族

蒙古故土上存在的"六万户"行政制度及其相对稳定的区域游牧方式有关。

17世纪上半叶，满族贵族逐渐兼并蒙古草原，继而统一中国，建立了清王朝。清王朝为笼络蒙古上层贵族，确保北部边疆的平定，即采取满蒙和亲国策，在基本不破坏蒙古游牧封建制的前提下，建立新的盟旗制，施行"分而治之"的统治，甚至主张旗与旗之间的服饰差异，这一举措无疑促进了蒙古部落服饰的形成和定型，在某些地区开始出现满蒙合璧的服饰变化，其中以科尔沁、巴林等蒙古部为典型。由于清廷施行盟旗制度和封禁政策，多数地区的蒙古族进一步发展创造了许多具有地区和部落特色的服装和头饰。如巴尔虎、布利亚特、喀喇沁、克什克腾、乌珠穆沁、阿巴嘎、苏尼特、察哈尔、土默特、茂明安、达尔罕、杜尔伯特、乌拉特、鄂尔多斯、土尔扈特、和硕特部等最有特点的服饰种类，成为蒙古族服饰发展史上又一个辉煌的阶段。

故事链接：

廉洁的失乞忽秃忽

成吉思汗击败金国军队，占领北京之后，派了三名军官去接收金廷府库里的黄金、白银、珠宝和丝绸等宝物。被派去完成这一使命的三位将官是汪古儿、阿儿孩合撒儿和失乞忽秃忽。金国一个名叫合答的将官来负责这些财宝的交接。为了讨好这三位蒙古将官，他取了几件绣金丝织品作为个人战利品赠送给他们三人。这种绣金丝织品相当名贵，那个世纪末，马可·波罗曾对这种织品赞叹不已。阿儿孩合撒儿和汪古儿为这种名贵织品所吸引，便收下了礼物。但是，失乞忽秃忽却表现得很廉洁，拒绝被收买。他对合答说："先时，此中都及中都之物为金王所有，而今已为成吉思汗所有矣。汝何可擅自支配属于成吉思汗之财产耶？汝怎敢擅取此物送与我等耶？我决意不受此物也！"失乞忽秃忽等三人回到成吉思汗处交差。成吉思汗是很了解人的心理的。见到他们三人以后，他突如其来地问他们：合答向你们赠送了什么礼物啊？当他知道了事情的经过以后，便严厉责备汪古儿和阿儿孩合撒儿，同时极力赞扬失乞忽秃忽说："汝识大体，慎职守，乃朕之忠臣也！"

04

图腾标识的文化印记

蒙古族服饰的图腾文化与其赖以生存的自然环境、宗教信仰和民族习俗等密不可分。

对于早期的原始人类来说，自然界具有神秘、不可征服的力量，它拥有无限的威力。为了寻求自我保护，人类社会中萌发出诸多的宗教意识观念，于是各种巫术礼仪、图腾崇拜等宗教活动开始普遍存在于人类的原始民族之中，成为原始人类的精神支柱。图腾文化也就在人类的社会文化中慢慢地积淀下来，而且始终留有深深的宗教烙印。

　　蒙古族服饰中的图腾文化现象是对本民族图腾崇拜的一种物化。在宗教观念影响下，基于对本民族或氏族的图腾崇拜，将之符号化并反映在民族服饰图案纹样中。例如蒙古族敬苍天为永恒最高神，谓之"长生天"（蒙古语读作"腾格里"）。对长生天的图腾崇拜是蒙古族民族精神的集中体现，在宗教意识中，它可以给予蒙古氏族勇武无畏的精神，也因长生天的圣洁，使得草原儿女生生不息。

　　图腾在蒙古族的民族文化发展过程中渐渐演绎为各式图案纹样，被广泛应用于民族服饰中。在"草木皆神，万物有灵"的观念影响下，蒙古族将日常生活中由神主宰的天地、日月星辰、风火雷电、草木岩石等奉为图腾来崇拜，并将这种图腾形象与宗教信仰、民族习俗相联系，结合他们独特的审美追求，转化为具体的图案纹样积淀到民族服饰中。清末学者严复在他的翻译作品《社会通诠》中指出："图腾者蛮夷之徽帜，用以示于众者也"，表明符号化的图腾形象成为民族部落的标志和象征，用以保护和庇佑整个氏族部落。

　　蒙古族服饰的图案和纹样，最直接且形象地反映出蒙古族的民族文化特点和民族审美观念，它通常采用对称构图，结构严谨，造型线条圆滑饱满。对称严谨的构

图是蒙古族对具有阴阳、天地、生死、方圆等对称法则的世界观的理解，是蒙古族追求圆满、幸福、吉祥的图形表征。圆滑饱满的线条造型则代表着富裕、美好的生活祈愿。抽象几何图案纹样大多用来做边饰，图案特征是环中套环，曲中有直，如盘肠纹，图案造型无始无终，任何一点既是起点也是终点。这是蒙古族对藏传佛教中"圆通""圆觉"思想的理解，它表达了人们祈求吉祥如意、圆满幸福的愿望。

原始蒙古氏族对自然界中无法驾驭的神秘力量怀有敬畏的崇拜心理，以期能够从中获取力量，保佑平安幸福和祈求恩赐。如日月纹、高山流水纹、云纹、山纹、水纹、火纹等。其中，服饰中运用最广泛的是云纹。云纹的图案一般会首尾相接，反复使用，对蒙古人而言，这是永恒长存的象征。如万字纹，在蒙古氏族中万字纹常被看作是太阳或是火的象征，表达对太阳的崇拜，用在服饰中有吉祥如意、祈福平安的意思。

一些原始的蒙古氏族认为本氏族源于某种动物或植物，或者与动植物有某种亲缘关系，于是许多的动植物被这个氏族所崇拜并敬为图腾。另一方面蒙古族对他们赖以生存的动植物有着深厚的感情，常用相关的图案纹样来象征长生天降下

来的吉祥，表达他们追求幸福美好生活的愿望。如牛、鹿、老虎、狼、鹰、犬、骆驼等动物图案纹样，还有卷草纹、莲纹、牡丹纹、杏花纹、桃纹等植物图案纹样。

如蒙古族古老的栖鹰冠。老鹰被视为草原上的神鸟，是力量的化身，蒙古族尊其为图腾，把它当作神来崇拜，象征犀利和果敢，所以栖鹰冠是蒙古族崇尚自然力量的象征。其形制模拟老鹰栖息的姿态，大致是将长方形对折，帽边沿翻起露出皮绒，两侧护耳部分模仿鹰翼，帽后边较长，用来保护后部脖颈。蒙古人的这种栖鹰冠蕴含着对鹰所拥有的勇猛力量极为崇尚的心理，也含有政权以及统治者权力的象征意义。

除此以外，蒙古族所崇拜的图腾还有狼、鹿、熊、牦牛、天鹅、树木，等等。随着时间的推移，人们将图腾崇拜的物化形象加以抽象化、典型化，使之成为具体的造型或图案纹样，逐渐渗透到蒙古族服饰中，体现了蒙古族潜意识中的图腾观念，同时也让蒙古族服饰披上了神秘的宗教色彩。

蒙古族服饰的图腾文化与其赖以生存的自然环境、宗教信仰和民族习俗等密不可分。它记录着蒙古族深厚的历史文化积淀，也展现了蒙古民族的审美心理。蒙古族利用服饰文化将其珍贵的图腾文化始终留存于当代社会意识形态中，使之成为永久的民族文化印记。

族服装服饰大赛
COSTUME COMPETITION

民族融合的服饰表达

05

元代蒙古族人的服饰与蒙古高原沙漠绿地、寒冷气候和游牧狩猎等经济生活紧密相连。

元代始于公元 12 世纪后半叶，迄于 14 世纪中叶，前后历时近 200 年。主要分为四个阶段，即：前元时期（蒙古帝国）、元代前期（世祖一朝）、元代中期（成宗至宁宗诸朝）及元代后期（顺帝一朝）。其民族之多，地域之广，是中国历史上历代王朝所不能比拟的。政治上的统一和经济上的密切交往，促进了各民族间的文化联系。服饰文化也不例外，各民族人民基本上保持原来传统服饰的同时，在与其他民族的来往中，自觉或不自觉地吸收了

他族服饰文化的影响，极大地丰富和发展了他们的服饰文化。所以元代各民族服饰文化在中国服饰文化史上占重要地位。它具有本民族服饰习俗的特殊性和华夏服饰文化的兼容性。

元代蒙古族人的服饰与蒙古高原沙漠绿地、寒冷气候和游牧狩猎等经济生活紧密相连。随着元帝国的建立和与比邻民族来往的加强，蒙古族服饰也发生了不少变化。蒙古族服饰也同样影响了其他民族服饰文化。

关于 13 世纪蒙古人衣着，南宋使臣彭大雅写道"其冠被发而椎髻，冬帽而夏笠。妇人顶'故姑'。其服右袄而方领，旧以毡、毛、革，新以紵丝、金线，色以红紫绀绿，纹以龙凤，无贵贱等差。"这是元代早期蒙古人的衣着。

这个时期的妇女也穿长袍，而汉族妇女则以襦裙为主。

帽笠："帽子系腰，元服也。"元代蒙古男子十分讲究戴帽。但在文献中对这些帽子的形制描绘得很少。加宾尼说："他们戴的帽子同其他民族的帽子不同，但是，我不能够以你们所能了解的方式来描绘它们的形状。"彭大雅在他的《黑鞑事略》中说，蒙古人冬帽而夏笠。冬帽指的是多见于文献的皮帽。即鞑靼帽，就是今天我们能见到的成吉思汗画像中所画的鞑靼帽。

在元代，蒙古人入主中原之后，受到汉族及其他少数民族服饰文化影响，首饰也发生了很大变化。

长袍：西方传教士加宾尼，对他所见到的蒙古人衣着描述尤为详尽。他说："男人和女人的衣服是用同样的式样制成的。他们不使用短斗篷、斗篷或帽儿，而穿用粗麻布、天鹅绒或织锦制成的长袍，这种长袍从上端到底部是开口的，在胸部折叠起来；在左边扣一个扣子，在右边扣三个扣子，在左边开口直至腰部。各种毛皮的外衣样式都相同；不过，在外面的外衣以毛向外，并在背后开口；在背后并有一个垂尾，下垂至膝部。已经结婚的妇女穿一种非常宽松的长袍，在前面开口至底部。"

元代平民妇女穿汉族的襦裙，

半臂也颇为通行。汉装的样子常在宫中的舞蹈伴奏人身上出现，唐代的窄袖衫和帽式也有保存。此外受邻国高丽的影响，都城的贵族后妃们也有模仿高丽女装的习俗。

在元朝并没有完整的冠服制度。蒙古人入主中原后仍保持其生活习俗，但同时又受汉族的影响，服饰日趋华丽。

关于蒙古妇女的衣服，赵珙说："所衣如中国道服之类……又有大袖衣如中国鹤氅，宽长曳地。行则两女奴拽之。"鲁布鲁克在他的《东游记》中写道："姑娘们的服装同男人的服装没有什么不同，只是略长一些。在结婚以后，……穿一件同修女的长袍一样宽大的长袍，而且无论从哪一方面看，都更宽大一些和更长一些。这种长袍在前面开口，在右边扣扣子。在这件事上，鞑靼人同突厥人不同，因为突厥人的长袍在左边扣扣子，而鞑靼人则总是在右边扣扣子。"

比肩、比甲：比肩是一种有里有面的，较马褂稍长的皮衣，元代蒙古人称之为"襻子答忽"。比甲则是便于骑射的衣裳，无领无袖，前短后长，以襻相连的便服。元代男子的公服多随汉族习俗，长服的外面，罩一件短袖衫子，妇女也有这种习俗（称为*襦裙半臂*）。

上述这些对蒙古袍的描写是相似的，可见长袍是元代蒙古人最常穿的衣服。他们的长袍，根据四季气候选择厚薄不同的质料缝制。

系腰：蒙古袍和系腰是相配的。因为系腰是权威的象征，因此，一般情况下，蒙古男人穿袍子多

束腰带。《蒙古秘史》记述了铁木真与札木合二人交换金带的故事。从质料看，元代蒙古人系腰，除金、银、玉、角以外，无非是皮或各种布帛而已。当时蒙古普通牧民以羊牛皮作腰带。金、银、玉系腰必然是少数那颜贵族所有。《蒙古秘史》所载金带，是草原贵族铁木真与札木合从篾儿乞部首领脱黑脱阿、歹亦儿兀孙那里掳获的。

蒙古人系腰带，颜色与袍子相协调。鲁布鲁克说，蒙古妇女们“用一块天蓝色的绸料在腰部把她们的长袍束起来。男子系腰处多佩腰刀，颇洒脱威武。”

答忽：元代蒙古人衣服中的一种皮袄。据《蒙古秘史》记载，少年铁木真为了得到漠北强大部落首领王汗的支持，把一件珍贵的黑貂鼠袄子赠送给王汗。王汗“好生喜欢着”，当场表示，作为黑貂鼠袄子的回报：“你离了的百姓，我与你收拾；漫散了的百姓，我与你完聚。”

搀察：这是蒙古语音译。指衬衫、衬衣、长衫、短褂、短袄、上衣、布罩衣等多种衣服，突厥人也有这种衣服。但对元代蒙古人来说，是指特定的一种衣服。

裤子：蒙古语称阿母都，因为蒙古人常穿长袍，裤子未能引起中外旅行家们注意。鲁布鲁克只说了一句：蒙古人“也用毛皮做裤子”。夏季用其他布帛、锦缎缝制。元代蒙古人的裤子样式也和其他游牧民族那样便于骑射，适合于游牧生活。

靴：蒙古语称忽都速。元代蒙古人一般都要穿靴子。这是适合于狩猎游牧生活的服饰。从制作质料来看，有皮靴、毡靴、从式样来看有长筒的和短筒的。

皮靴：古代蒙古人的皮靴有马、牛、羊皮靴，也有鹿皮靴。

"人们在兀都亦惕—蔑儿乞惕部的大营里发现了一个名叫曲出的年方5岁的小男孩儿。这孩子头戴貂皮帽，足登鹿皮鞋，身着糅鹿羔皮接貂皮皮衣，目光晶亮，神情机灵。有人便将这孩子作为礼物献给铁木真之母诃额仑。诃额仑欣然收养了这个可爱的小男孩。"（法：勒内·格鲁塞《成吉思汗传》）文中提到的鹿皮，结实、耐磨，是做皮靴理想的原材料。

元代蒙古人中还流行一种叫作"不里阿耳靴"。蒙古人用不里阿耳人的技术制作这种皮靴，故名。鲁布鲁克在他的《东游记》中写道，蒙古人从斡罗思、摩薛勒、大不里阿耳送来的珍贵毛皮做衣服穿着。最初的不里阿耳靴是这样产生的。元中后期蒙古人的不里阿耳靴不一定是从不里阿耳进的皮做的，而仅存其名称而已。

兀剌靴：充有乌拉草以御寒的皮靴。兀剌，蒙古语音译。兀剌原指脚底、靴底，后引申为一种靴。兀剌靴是元代蒙古人，尤其庶民百姓穿的一种皮靴。后来传至中原，渐渐汉族人民也习惯于穿这种靴，成为一种时髦的靴。

毡靴：元代蒙古人多穿毡靴。

来自波斯等国的异域服饰质料，对元代上层贵族服饰有着重要的影响。对此，鲁布鲁克写道："从契丹和东方的其他国家，并从波斯和南方的其他地区，运来丝织品、织锦和棉织品，他们在夏季就穿用这类衣料做成的衣服。从斡罗思、摩薛勒、大不里阿耳、帕思哈图和乞儿吉思并从在北方的降服于他们的许多其他地区，给他们送来各种珍贵毛皮，他们在冬季就穿用这毛皮做成的衣服，穷人则用狗皮和山羊皮做穿在外面的皮袍。他们也用毛

皮做裤子。再者，富人的衣服用丝棉作铺絮，这是非常柔软、轻便和温暖的。穷人的衣服则用棉花和较为柔软的羊毛作铺絮。"

但鲁布鲁克所说的那些高级质料，都是蒙古征服那些地区之后得到的。其实蒙古国土上的动物毛皮也是很珍贵的。其中貂鼠皮和银鼠皮更是远近闻名。其主要产区是额尔古纳河流域和贝加尔湖附近森林地区。元代蒙古皇帝冬装主要是用这种毛皮作的。成吉思汗乃至元时，中亚有些回族商人不远千里到额尔古纳河流域，购貂鼠青鼠而去。

正由于貂鼠皮珍贵，元代一度以貂皮作皮货交易上的流通物。如《元典章》卷三八《兵部·放皮货则例》中详细规定着以貂皮折纳其他皮货的标准数量等。

　　此外，蒙古人不仅猎食土拨鼠肉，而且用它的皮毛作服装质料。元忽思慧《饮膳正要》卷三《兽品》："塔剌不花，一名土拨鼠。……皮用番皮，不湿透，甚暖。"《至元译语·衣服门》：番皮作"答胡"，即蒙古人的皮质上衣。足见塔剌不花皮作为衣服质料，被列为元代皮货之列。元代文献中也能反映蒙古人确实以塔剌不花皮作衣的事实。《元史》卷一二七《伯颜传》：伯颜在外征伐，军队乏食，"令军士有捕塔剌不花之兽而食者，积其皮至万，人莫知其意，既而遣使辇至京师，帝笑曰：'伯颜以边地寒，军士无衣，欲易吾缯帛耳。'遂赐以衣。"从这里我们可

以知道，当时的蒙古地区盛产土拨鼠，并且其肉可食，毛皮可作衣服质料，又可用它来交换内地的布帛。

故事链接：

黑貂皮袄外交

越来越多的人都来投奔铁木真，草原上的生存经验告诉他们，只有团结在一个不畏艰险又有杰出才能的领导人周围，才能得到好处。各个营地的蒙古人来了，他们希望铁木真能带领他们进行无数次有质量的狩猎，获取食物。各个营地的老人也把他们的儿孙送来了，他们希望铁木真能带领这些壮汉去获取更多的财富。铁木真家族渐渐从"阿寅勒"变成了"古列延"。

水涨船高，铁木真的"野心"被这些人的拥护所激起。不过在他19岁这年，如果说他有称霸草原的"野心"，那是极不现实的。铁木真当时固然有"野心"，可能也仅仅是想做个蒙古乞颜部强有力的酋长。

当然，他的"野心"还表现在另一方面，那就是娶妻。妻子原本就有，不必寻找。几年来，他之所以不去迎娶妻子孛儿帖，就是因为他过着朝不保夕的日子，自身还难保，怎么能保护妻子？如今大不同了，他有了自己的子民，虽然才100多人。

他穿戴整齐，和他的弟弟别里古台踏上了通往岳父家的路。

德薛禅热情地接待了他，先是嘘寒问暖，然后诉说他那菩萨的心："这几年听到你生活的艰难，还听说塔里忽台把你当成猴子一样到处展览，我痛心疾首，很难过自己没有能力拯救你。"

老岳父说这话时，挤下几滴眼泪，铁木真毫不动心。弘吉剌部在草原上的实力之差，人所共知。它唯一有价值的地方就是能为其他强大的部落提供美女，这也是它存活下来的原因。铁木真从未奢望岳父能为他提供任何帮助，所以岳父的话就等于耳旁风。

他最激动的就是看到了已亭亭玉立的孛儿帖，我们今天看到的许多孛儿帖的画像，或许会觉得她的形象真的很平常，而且比较富态。这可能是画家故意为之，以此来象征她的母仪天下。真实的孛儿帖如花似玉，有着牛奶一样的肤色，在任何时代任何人眼中，都是美的典范。

出乎铁木真意料的是，老岳父什么都没有说，就爽快地把女儿交到了他的手上，让他带走。当然，孛儿帖的嫁妆对当时的铁木真而言也是惊人的，一百多只羊、十几头牛和二十多匹马，其中一件黑貂皮袄更是价值连城，据他老岳父说，是几年前通过各种关系，花了大量硬通货才从金国那里得来的。

回来的路上，铁木真看着黑貂皮袄愣神。孛儿帖温情脉脉地问他在看什么，铁木真说："这件皮袄真好看。"孛儿帖一笑说："再好看，也只是件皮袄。"

铁木真不易察觉地一笑，小声说了两个字：未必。

铁木真要说而没有说出来的，正是他下一步准备复兴乞颜部的计划，这个计划可以用四个字来形容：重温旧梦。计划的被实施者叫脱斡邻勒，是蒙古部落西南近邻克烈部的领导人。

克烈部居住于今蒙古国土拉河流域，东面是七零八落的蒙古部，西面是强大的乃蛮部，北方是桀骜不驯的蔑儿乞部，南面则是荒漠。克烈部最辉煌时，周围的部落都向它俯首，包括蒙古部落。这个部信仰基督教，是中国景教（唐代对传入中国的基督教聂斯脱利派的称谓）的发源地。

脱斡邻勒野心勃勃，一直想恢复克烈部当年的荣光，不过他志大才疏，始终被内政问题所困扰，铁木真父亲也速该在世时，脱斡邻勒曾被自己的叔叔驱逐出境，成了流亡酋长。也速该侠肝义胆，帮他收集族人，又帮他出兵恢复了酋长之位。脱斡邻勒为感谢也速该的帮助，和他结为安达，矢志共进退、共富贵、共贫穷。

但誓言如风，也速该被人谋害时，脱斡邻勒却无动于衷，也速该的家人陷入愁苦时，他也两耳不闻。

这也正是铁木真这么多年受苦受难却始终不肯去请求脱斡邻勒帮助的原因。而现在，他的翅膀有点硬度了，所以他准备去和脱斡邻勒"重温旧梦"——帮他回忆起他的好兄弟也速该的恩情。

然而旧梦温起来是乏味的，让人毫无兴趣，所以铁木真带上了那件珍贵的黑貂皮袄。在开满淡紫色百里香的黑林边缘，铁木真见到了脱斡邻勒。

脱斡邻勒脖子上挂着银白十字架，在阳光照耀下射出惨白的光。他肥胖，但很匀称，眼神飘忽不定，却又充满温情。

铁木真恭敬地献上黑貂皮袄，又谦虚谨慎地诉说自己早就想来拜访父亲最好的兄弟这些套话，然后又不动声色地吐露他现在已是个有实力的人。这些使得他在脱斡邻勒眼中马上成了一个有尊严、有气质、有前途的年轻领袖。

铁木真把旧梦恰到好处地延伸出去："您从前和我父亲是兄弟，父亲的兄弟就是我的父亲。"

脱斡邻勒咯咯笑着，眼睛却始终停留在那件黑貂皮袄上面。他对铁木真的重温旧梦没有感觉，对铁木真的礼物却大有好感。于是他站起来，握紧十字架，对铁木真说："你失散的族人，我帮你聚拢；抛弃你的那些人，我要给他们好看。我要让你的族人都紧紧团结在你的周围，就如同腰附在屁股上、喉附在胸上一样。"

据说，"腰附在屁股上、喉附在胸上"这句粗俗的话是庄严的誓约。

铁木真的行为相当于主动承认了脱斡邻勒是自己的保护人，他也因此得到了脱斡邻勒的口头契约。铁木真这一步走得相当漂亮，正是在脱斡邻勒的保护和支持下，他才得以战胜蒙古其他部落，做了蒙古人的可汗。

敏锐地找到靠山，是铁木真值得我们学习的地方。当然，找到靠山后，就要让其发挥最大价值。虽然山不过来，但我还可以过去。

铁木真主动让脱斡邻勒这座大山发光发热，他的计谋是拉大旗作虎皮。他派人到处宣传，强大的克烈部领导人脱斡邻勒已经是他铁木真的保护人了，二人的关系比父子都亲，铁木真现在如果想要天上的星星和沙漠里的玫瑰，脱斡邻勒都能帮他去采摘。

这种宣传，效果显著。蒙古各部落的人闻风而来，仰慕他的人徒步投奔，他的"古列延"以他的帐篷为圆心，不断向外辐射，这个圆圈越来越大，铁木真的名声也越来越响。

06

丰富多样的蒙古汗廷服饰

元代的贵族妇女，常戴着一顶高高长长，看起来很奇怪的帽子，这种帽子叫作"顾姑冠"。

蒙古族是一个历史悠久的民族，长期生活在蒙古高原上，他们的直系祖先，是和鲜卑、契丹人属同一语系的室韦各部落。

1206年铁木真被各部落推举为"成吉思汗"，建立政权于漠北，从此，结束了长期部族混战的局面。到了1271年忽必烈改国号为"大元"，取《易经》中"大哉乾元"之意，在1279年统一全国，元朝的疆域空前广阔，种族混杂，各种文化交相辉映：

既有农耕文化，也有草原文化，元朝地域辽阔，既有中土文化，又有西亚伊斯兰文化，欧洲基督教文化，这就造成了元朝服饰的多样化。

元初在相当长的时期内，都没有确定服饰制度。灭南宋后，开始有感于服饰的威仪及其在分辨等级尊卑的作用。忽必烈建立元朝后，近取金、宋，远法汉、唐，始定服饰之制，参考了汉人的服饰，但只是皇帝及外戚贵族、王公大臣的服饰有了一些变化，一般蒙古人的服饰大体上仍保留着原来的样式。

蒙古族的衣冠以头戴帽笠为主，穿质孙服，形制是上衣下裳相连，衣式紧窄、下裳较短，腰间打许多褶裥，称为辫线袄，肩背间贯有大珠；但是，元朝并没有完整的冠服制度。蒙古人入主中原后仍保持其生活习俗，同时又受汉族的影响，服饰日趋华丽。

蒙古民族的服饰多以俭朴实用为主，但当忽必烈实行汉法以后，他们的服饰也开始从汉族服饰中逐渐选来许多体现高贵和华美的成分。服饰形制多以长袍为主，体量比辽时要大，盘领大袖呈右衽，长及脚面，多以罗为之，等级地位是以色彩及纹样区分。蒙古男子多戴用藤篾制成的瓦楞帽，也有戴棕帽及笠帽的，汉族男子多戴幞头。

蒙古族妇女以右衽窄袖袍服为主，配两条裤管，汉族女子则多穿襦裙。蒙古族续发编辫，但女子也有学习汉族做发髻的。

元代男子首服、公服多用幞头，幞头通常采用宋代长脚之制，也有戴朝天幞头者，多见于皂隶。士庶所戴的幞头制如唐巾，颅后下垂二弯头长脚，呈"八"字之式。平民百姓则崇尚扎巾，头巾的扎法多种形制。

夏日多戴笠帽，以藤篾编制，帽檐有圆形、方形、多边形及前园后方形等；顶上装饰珠宝，以花样分别等级，位尊者饰以龙纹。

蒙古人的发型与众不同。据孟琪的《蒙鞑备录》记载，从成吉思汗至普通百姓，人人都剃"婆焦"。其样式是：囟门前留一缕，这一缕稍长便剪短，免得遮挡视线。两额角上各留一缕，可任意生长，下垂至肩，或任其披散，或绾起，上绾双环。还有一种方法是，把前顶额头上的头发剃去，其余长发分缕结成辫子，有结成双辫的，也有只结一根辫子从后脑垂至脊背的。《柏朗嘉宾蒙古行纪》则说，蒙古人大部分都不长胡须，但有些人在上嘴唇和颏部长有少量的毛发，注意保护而不肯剪掉。他们也和僧侣一样在头顶上戴一环状头饰，所有的人都在两耳之间剃去三指宽的一片地方，以便他们头顶上的环状顶饰得以相接，"另外，所有人同样也都在前额剃去两指宽的地方。至于环状头饰与已剃去头发的这片头皮之间的头发，他们让它一直披到眉毛以下，把前额两侧的头发大部分剪去以使中间部分的头发更加伸长。其余的头发则如女子青丝一般任其生长，他们把这些头发编成两根辫子，分别扎在耳后。"

元代的贵族妇女，常戴着一顶高高长长，看起来很奇怪的帽子，这种帽子叫作"顾姑冠"。蒙古族的首服不同于历代女冠，它的基础部分是头箍形软帽，戴时紧勒在额部；帽顶正中则竖立一个高大的柱形饰物，并装饰以各种珠宝。冠顶还插有绒花及长长的翎枝，由于这种冠体本身过高，妇女戴此进出营帐只能将头低下，如果乘坐车舆外出，只好将翎枝拔下。

贵族总是尽极奢华，"天子质孙服，冬服十一等，有金锦暖帽、七宝重顶冠、红金答子暖帽、白金答子暖帽、银鼠暖帽等。夏服十五等，有宝顶金凤钹笠、珠子卷云冠、珠缘边钹笠、白藤宝贝帽、金凤顶笠、金凤顶漆纱冠、黄雅库特宝贝带后檐帽、七宝漆纱带后檐帽等。都是镶珠嵌宝的贵重冠帽。冬服所用紫貂、银鼠、白狐、玄狐、猞猁皮毛和金锦等，材料也极珍贵。"

从服饰中我们可以看到明显的等级制度，统治阶级想方设法从各个方面巩固本族政权，以此来彰显其优越性。

女士们高高的顾姑冠

07

蒙古妇女结婚后一定要戴顾姑冠的。普兰诺·加宾尼也说："已经结婚的妇女……在她们头上，有一个以树枝或树皮制成的圆的头饰。"

在元代蒙古人衣着中，顾姑冠是一种极为特殊的首饰。

顾姑冠是蒙古语音译，还有罟罟、括罟、故姑、罟姑、故故、固姑、姑姑、罟罛、罟冠等多种译写。又据《蒙古秘史》等文献记载，顾姑冠亦称"孛黑塔"，是蒙古语音译。

史籍上记载最详细的是顾姑冠。这个字眼蒙古文记载比较统一，这一叫法现在还流传在牧民日常口语中，就是梳起头结婚的意思，跟古代姑娘戴顾姑冠出嫁的礼俗是完全一致的。汉文的记载则比较杂乱，

有固姑、姑姑等多种写法。有趣的是，《蒙古语词根词典》里关于顾姑的叫法，竟是"花冠子鸡"，关于这个名词还有一个相应的传说：有一个人走阿音来到南方，听见公鸡每天五更打鸣，心

想何不买他一只，回去按时把我叫醒，也好出去看看母羊下羔没有。临走就向人家店主人索买，但叫不来名，就蹲在地下张开两臂，边走边模仿其音——咕咕，店主人误以为是鸭子，就给往骆驼驮子里塞了一只。此人也没看，回去以后圈进笼子，第二天五更却没有打鸣。天明捉出来一看：怪不得哩，咋叫骆驼把嘴巴踏扁了！

顾姑冠的具体形状，中外记载甚多，顾姑冠的形制，《蒙鞑备录》："凡诸酋之妻，则有顾姑冠，用铁丝结成，形如竹，长三尺许，用红青锦绣或珠金饰之，其上又有杖一枝，用红青绒饰之。"《长春真人西游记》："妇人冠以桦皮，高二尺许，往往以皂褐笼之，富者以红绡，其末如鹅鸭，名曰故故，大忌人触，出入庐帐须低徊。"《黑鞑事略》："妇人顶故姑"。徐霆疏："霆见其故姑之制，用画木为骨，包以红绢金帛，顶之上用四五尺长柳枝或铁打成枝，包以青毡，其向上人则用我朝翠花或五彩帛饰之，令其飞动，以下人则用野鸡毛。"上述记载对顾姑冠的描述还是较为简略。对这种头饰的描写之翔实具体，莫过鲁布鲁克的《东游记》："妇女们也有一种头饰，他们称之孛哈，这是用树皮或她们能找到的任何其他相当的材料制成的。这种头饰很大，

是圆的，有两只手能围过来那样粗，有一腕尺（45.7厘米）多高，其顶端呈四方形，像建筑物的一根圆柱的柱头那样。这种字哈外面裹以贵重的丝织物，它里面是空的。在头饰顶端的正中或旁边插着一束羽毛或细长的棒，同样也有一腕尺多高；这一束羽毛或细棒的顶端，饰以孔雀的羽毛，并饰以宝石。富有的贵妇们在头上戴这种头饰，并把它向下牢牢地系在一个兜帽上，这种帽子的顶端有一个洞，是专作此用的。她们把头发从后面挽到头顶上，束成一种发髻，把兜帽戴在头上，把发髻塞在兜帽里面，再把头饰戴在兜帽上，然后把兜帽牢牢地系在下巴上，因此当几位贵妇骑马同行，从远处看时，她们仿佛是头戴钢盔手执长矛的兵士。因为头饰看来像是一顶钢盔，两头饰顶上的一束羽毛或细棒则像一枝长矛。"

1974年，内蒙古自治区文物考查队从四子王旗古墓中发现的

顾姑冠，像一个长筒，一尺多高，用桦皮窝曲而成，外蒙花缎，嵌有不少各类珍珠。其中一顶，插有三四寸高的木条，可颤动，末端有小木球，其上插有孔雀翎，学者考证是蒙古汗国时期弘吉刺惕贵族夫人的礼帽。弘吉刺惕是成吉思汗的母亲、夫人一系，《蒙古秘史》曾载成吉思汗圣谕"弘吉刺氏生女世为后"，此说法可通。

蒙古妇女结婚后一定要戴顾姑冠的。普兰诺·加宾尼也说："已经结婚的妇女……在她们头上，有一个以树枝或树皮制成的圆的头饰。这种头饰有一腕尺高，其顶端呈正方形；从底部至顶端，其周围逐渐加粗，在其顶端，有一根用金、银、木条或甚至一根羽毛制成的长而细棍棒。这种头饰缝

在一顶帽子上，这顶帽子下垂至肩。这种帽子和头饰覆以粗麻布、天鹅绒或织锦。不戴这种头饰时，她们从来不走到男人们面前去，因此，根据这种头饰就可以把她们同其他妇女区别开来。"

　　根据上述各家有关描述，早期蒙古妇女所戴顾姑冠的材料，以蒙古土产的桦树皮、柳条、毡、野鸭、鹤等的羽毛之类为之。其实体而言，最初系在树皮（桦树皮）制作的圆筒形的顶上饰以鸟兽的羽毛。当然，戴此头饰者的妇女社会地位、经济地位的不同，装饰也有所差异的。但此时的顾姑冠仍然是一种适用于狩猎游

牧民族的较为原始的高帽。待至蒙古兴起，建立帝国，欧亚各地丰富的特产品、贵重物品，源源不断地流入大元帝国乃至蒙古本土时，珍奇华丽的金、银、珠玉以及竹、珍珠、绢布、孔雀的羽毛成为顾姑冠的材料，其形制也有所变化。

　　鄂多立克在《东游录》中叙述元汗廷情况时说道："已婚者头上戴着状似人腿的东西，高为一腕尺半，在那头顶上有些鹤羽，整个腿缀有大珠；因此若世界有精美大珠，那准能在那些妇女头上找到。"

08

蒙元袍服的吐故纳新

崇尚白色是蒙古族特有的风俗，他们认为白色含有高尚、喜庆、正直、坦诚等褒义，它代表的是纯洁之色。

蒙古族入关之前，披发椎髻，冬戴帽，夏戴笠。他们的皮帽、皮袄、皮靴，多用貂鼠、羊皮制成，皮袄通常是右衽、方领。由于元代民族矛盾比较尖锐，长期处于战乱状态，纺织业、手工业遭到很大破坏，宫中服制长期沿用宋式。直到1321年元英宗时期才参照古制，制定了承袭汉族又兼有蒙古民族特点的服饰。其中包括帝王冕服、太子冠服、百官祭服、朝服、公服及士庶之服。

例如，皇帝朝服，袭唐宋之制，戴通天冠，着绛纱袍；而且，皇帝祭祀的冕旒及十二章纹，就是中国古代帝王祭服的延续。百官朝服戴梁冠，穿法青罗官衣，加蔽膝、环绶。梁冠之制、百官公服都依汉制，官职等差则以颜色和纹样来显示，如一至五品用紫色；六至七品用绯色；八至九品用绿色。

在整个元代，有一种礼服最为贵重，上自天子，下及百官内廷礼宴都可着之。它便是质孙服，柯九思在《宫词》中曾对它吟诵道："万里名王尽入朝，法官置酒奏箫韶。千官一色真珠袄，宝带攒装稳称腰。"诗下自诸："凡诸侯王及外番来朝，必赐宴以见之，国语谓之质孙宴。质孙，汉言一色，言其衣服皆一色也。"这种服饰最大特色就是冠帽衣履采用一色，即如果衣服是红色，冠帽鞋履便均用红色。

质孙服用面很广，但同样有等级。这种服饰上、下级的区别

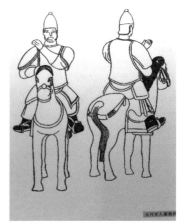

体现在质地粗细的不同上。天子的有 15 个等级，以质分级层次，天子的质孙服款式繁多，冬服有 11 种等级，夏服有 15 种等级。百官的冬服有 9 个等级，夏季有 14 个等级，同样也是以质地和色泽区分。

据资料显示，元代统治者穿的袍子，为交领窄袖，腰间打成细褶，用红紫线横向缝纳固定，使穿时腰间紧束，这种便于骑射的袍子元代称作"辫线袄"。到了明代，出现了外出乘马时所穿的"曳撒"，这种服装就是把质孙服衣身放松、加长改制的服装，作为出外骑乘之服。元代官吏士庶闲居，通常穿着窄袖长袖。地位卑下的侍从仆役，则在长袍的外面加罩一件短袖衫子。辫线袄是一种除辽金时期通用者外的一种袍服的形制。其样式类似袍服，以綟丝、织锦为之，交领窄袖，下长过膝，腰部以下形制宽大，并留有细裥；另以彩丝搓捻成股，并行地缀于腰际，既用于装饰，又借以束腰，便于乘骑。

辫线袄最初产生于金国，在元朝大规模使用，最初可能是身份低卑的侍从和仪卫的服饰，后来穿辫线袄已不限于仪卫，尤其是在元代后期。一般"番邦""侍臣"官吏形象，大多穿此服。这种服饰一直沿袭到明代，不仅没有随着大规模的服制变易而被淘汰，反而成了上层官吏的装束，连皇帝、大臣都穿着。

元代男女均以袍服为主，衣身形制较大。蒙古族贵族的典型装饰是，袍多为交领、衣长过膝、腰束带、戴笠帽、披云肩。袍的种类也比较多，如衬袍、士卒袍，士庶服则用唐宋式的圆领袍。女子袍服袖口紧窄，下裳套裤着于袍内，其上端有带于腰际系扎，裆腰则无，只有裤管。

貂鼠和羊皮制衣较为广泛，式样多为宽大的袍式、袖口窄小、袖身宽肥，由于衣长曳地，贵夫人外出乐时，必须有女奴牵拉。这种袍式在肩部做有一云肩，即所谓"金绣云肩翠玉缨"，十分华美。作为礼服的袍，面料质地十分考究，采用大红色织金、锦、蒙茸和很长的毡类织物。当时最流行的色彩以红、黄、绿、褐、玫红、紫、金等为主。

如前面所说，元朝时以服装纹样及颜色来区分上下等级尊卑。元代人喜爱棕褐色，据出土的参考文献资料显示，当时褐色的配色法就有 20 多种，本来是由于统治者禁止民间使用彩色而造成的褐色的不断开发，反过来吸引了封建统治者的垂爱，使得这种民间常用色成为帝王的喜用色。

在马可·波罗的记述中，详细记载了元朝时举国上下欢度白色春节。《马可·波罗游记》中载："是日依俗大汗节的景象。及其一切臣民皆衣白袍，致使男女老少衣皆白色，盖其拟以白衣为吉服，所以元旦服之，俾此新年全年获福……"。是的，崇尚白色是蒙古族特有的风俗，他们认为白色含有高尚、喜庆、正直、坦诚等褒义，它代表的是纯洁之色。这时期蒙古族妇女多穿织金锦、吉贝锦和被称为蒙茸、锁里的细毡制成的长袍，用色鲜明，还会在袍上用金线盘绣大多花纹，袍服的外面多围以织金锦制成

的云肩，下衣，元代妇女服饰，襦裙半臂，一般多穿长裤。汉族妇女则多穿襦裙，有时在短襦之外，再加罩一件齐腰长的半臂。

在元朝，公服中有展露双脚之说。上层、中层人家女性所穿的鞋大多用丝绸制成，用罗制作的称为罗鞋，"踏遍苍苔，湿透罗鞋"。有的鞋面、鞋帮绣花卉或其他图案，称为绣鞋。

罗鞋、绣鞋对劳动妇女来说并不合适。在大都，普通妇女都是穿麻鞋，麻鞋应是用麻线制成的鞋，穿破以后还可以洗净，经过加工，混在灰泥中作建筑材料，这是劳动者的鞋，与上、中层女性完全不同。

从元曲的散曲和杂剧中可以看出，小脚在元代已被文人视作女性美的一个重要组成部分。缠足主要流行于元朝后期，有些封建文人出于病态的心理，对缠足大加赞美，有的文人甚至以缠

足的鞋作酒杯 ，称为"鞋杯"。 缠足使女性的足扭曲变形，无论心理上或是肉体上都会造成很大的痛苦。传统的封建礼教要将女性禁锢于家庭之内，缠足正适应了这种要求因而得到提倡和发展，种种行为显示出当时社会产生的畸形心态和男女的不平等。

缠足主要在汉族妇女中流行，其他民族女性没有这种陋俗。欣慰的是，元代汉族妇女中相当多仍保持天足，特别是下层劳动妇女中天足可能更多一些。但是，到了明清，缠足的风气又开始肆意增长。

贵族女子都喜欢戴顾姑冠，因此她们多半很少佩戴簪、钗、布摇等头饰；至于汉族女子则多半佩戴不起，或者佩戴些简单的饰物。

元朝的手镯形制精致轻巧，造型多变。少数民族都十分流行

佩戴耳环，包括男子也是一样的。元代耳环大多与金代耳环相近，也分前后两个部分，后面的弯钩大致相同，区别主要在前面的装饰部分。据史书记载，当时宫廷命妇佩戴的耳环，所用材料还有所规定，反映了佩戴者的身份。

元朝是北方游牧民族蒙古族建立的政权。一方面他们对于自己胜利的果实而骄傲，一方面对博大精深的汉民族的文化气势和深厚的包容性心存敬畏。为了能在汉民族地区维持长久的统治，接受汉法、容纳汉俗实际上已成为必须要接受的现实。

因此，对于中原地区旧有的衣规服制，元朝一般只能采取或学习借鉴，或一收一放，或听任包容。也正是这样，民族大融合才没有什么羁绊，服饰本来就是在实用价值的基础上追求美的，所以，各种服制才相互借鉴、融合成为一种更精美、更实用的衣型。

封建王朝大多都是推行自上而下的制度，王宫一开始流行什么，下至百官都会紧跟潮流的脚步，因此，那个时代的时尚，是由统治者决定的。

《元史舆服志》记载，皇帝祭祀用衮服、蔽膝、玉簪、革带、绶环等饰有各种龙纹，仅衮一件就有八条龙，领袖衣边的小龙还

不计。龙，是汉族人民创造的，它代表着华夏民族的文明，统治阶级都喜欢用它来彰显自己的尊贵。而北方少数民族相继建立政权时，都无一例外地沿用了这一图案。到了元代更加突出，贵族袭汉族制度，在服装上广织龙纹，除服饰大量用龙纹之外，在其他生活器具中也广泛使用。

元朝人还喜金，服装中大量用金，如喜欢用织金锦的布匹。这个就不能说是袭汉族制度了，早在辽、金统治地区就有织金技术，元代是继辽、金之后，在织物上用金更胜于一筹的。如蒙古贵族一样，汉民族也喜欢用金，或是黄色，通过此证明自己是天子，人中之龙。

法国传教士鲁布鲁克于 1254 年 1 月 4 日在元宪宗蒙哥汗的斡耳朵之中受到接见："进去这个所在，有一个长凳，上置马湩（忽迷思）。他们叫我们的译人站在这个地方的附近，叫我们坐在另一个长凳上面，附近有若干妇女。这个所在铺满了绣有金线的毯。在中央，安放一个火盆，火正旺盛，用许多荆棘和茴香的根作

燃料。大汗坐在一个小床上面，穿一件华丽光泽的皮袍，似乎是海豹皮所制。"

在元代，质孙衣初为皇帝专用，后成百官、侍卫礼服。

元代是中国历史上民族融合的时代，其服饰也充分体现了这一特点。

元朝的官服首先讲究颜色，是清一色的，所以叫"一色服"。在元代，质孙衣初为皇帝专用，后成百官、侍卫礼服。《元史·舆

服志》："质孙，汉言一色服也，内庭大宴则服之，冬夏之服不同，然无定制，凡勋戚大臣近侍，赐则服之。"在吸收汉族服制的同时，详尽制订等同国法的朝仪服色，从至元八年八月庆贺天寿圣节开始正式使用，"粲然其有章，秩然其有序"。冠服车舆"大抵参酌古今，随时损益，兼存国制，用备仪文。"所谓"一色服"，指的是一次赴宴穿一种颜色的服装，皇帝和百官有 13 种颜色的服饰。

元朝皇帝所赐官服共有 13 套色种，每次参加国宴或大型国事活动，大家要穿一种颜色。赐服除 13 种颜色衣外，另加一羚羊皮带（金带），上饰金银丝甚奇，价值亦巨，又受有名曰不里阿耳之驼皮靴一双。靴上绣以银丝，颇为工巧。总之，元朝之赐服，

做工精巧，用料讲究（锦袍），装饰昂贵。不过，元朝的官服并非是每年赐服 13 次，而是一次性的。

　　元朝的赐服制源自元世祖忽必烈。忽必烈每年到元上都，在其西城以内都要举行隆重的赐服仪式，即质孙宴。所谓"质孙"，含有华丽之意。皇帝要亲自举行国宴，百官应讲究服饰，要穿上华丽的衣服赴宴，因此而得名。质孙宴，其实质就是一个皇帝的"赐服仪式"。据《马可·波罗行纪》：忽必烈生于阴历八月二十八日。是日在元上都大行庆贺。蒙古每年之大节庆，除年终举行之节庆外，全年节庆之重大无有过之者也。世祖于其庆寿之日，衣其最美之金锦袍。同日，至少有男爵骑尉 12000 人，穿同色之衣，与皇帝同。所同者盖为颜色，非言其所衣之金锦与皇帝衣价相等也。各人并系一金带，此种衣服皆出皇帝所赐，上缀珍珠宝石甚多，价值确有万数。此衣不止一袭，盖皇帝以上述之衣颁给其 12000 男爵骑尉，每年有 13 次也。每次皇上与彼等服同色之衣，每次各易其色，足见其事之盛，世界之君主殆无有能及者也。

　　可以穿着质孙服的场合很多，大臣在内宫大宴中可以穿着，

乐工和卫士也同样穿着，这种服饰上下级的区别体现在质地粗细
的不同上。天子的有 15 个等级（以质分级层次），每级所用的原
料和选色完全统一，衣服和帽子一致，整体效果十分出色。比如，
衣服若是金锦剪茸，其帽也必然是金锦暖帽；若衣服用白色粉皮，
其帽必定是白金答子暖帽。天子夏服也有 15 等级，与冬装类同。
百官的冬服有 9 个等级，夏季有 14 个等级，同样也是以质地和
色泽区分。

　　《元史·舆服志》中又载："天子质孙，冬之服 11 等，服
纳石失、怯绵里（剪绒），则冠金锦暖帽。服大红、桃红、紫蓝，
则冠七宝里重顶冠。服红黄粉皮，则冠红金答子暖帽。服白粉皮，
则冠白金答子暖帽。服银鼠，则冠银鼠暖帽，其上并加银鼠比肩
（原注：俗称曰襻子答忽）。夏之服凡 15 等，服答纳都纳石失（缀
大珠于金锦），则冠宝顶金凤钹笠。服速不都纳石失（缀小珠于

金锦），则冠珠子捲云冠。服纳石失，则帽亦如之。服大红珠宝里红毛子答纳，则冠珠缘边钹笠。服白毛子金丝宝里，则冠白藤宝贝帽。服驼褐毛子，则帽亦如之。服大红、绿、蓝、银褐、枣褐、金绣龙五色罗，则冠金凤顶笠，服金龙青罗，则冠金凤顶漆纱冠。服珠子褐七宝珠龙答子，则冠黄牙忽宝贝珠子带后邀集檐帽。"

"百官质孙，冬之服凡九等，大红纳石失一，大红怯锦里一，大红官素一，桃红、蓝、绿官素各一，紫黄、鸦青各一。夏之服凡十四等，素纳石失一，聚线宝里纳石失，枣褐浑金间丝蛤珠一，大红官素宝里一，大红明珠答子一，桃红、蓝、绿、银褐各一，高丽鸦青云袖罗一，驼褐、茜红、白毛子各一，鸦青官素带宝里一。"

质孙服是帽、袍、带、靴配套的。每次盛会大汗更换一种颜

色的质孙服时，朝廷的贵族也必改穿同色的质孙服。很多皇戚勋臣的衣服上面都嵌有珍珠、宝石和其他宝物，皇帝的质孙服更是富丽堂皇得不可复加。

质孙服的质料、饰品除穷尽江南绫罗绸缎和全国的金银珠宝外，大多与波斯和其他阿拉伯国家有关，浩如繁星的服饰材料有金锦、彩锦、刺绣、缂金、缂丝、丝、绸、绢、罗、缎、绒、纱、毛料、珍贵皮毛、金珠宝石，无以尽述。

知识链接：

部分阿拉伯国家面料的波斯语汉语音译

纳石失，汉语音译，波斯语意为金丝锦缎的织金锦，与《元史》原注金锦相同。

怯绵里，汉语音译，波斯语意为立绒或茸制品。

比肩，波斯语的汉语音译，一种红宝石的名称。

都，波斯语 dorr 的汉语音译，意为珠宝，尤指珍珠。

答纳，波斯语 dana 的汉语音译，意为颗粒、大粒、圆粒。

答纳都，意为大颗粒珍珠。

速不，波斯语 sobhe 的汉语音译，意为串珠。

速不都，意为串起来的珍珠串。

毛子，波斯语 mas 的汉语音译，亦称 almas，意为金刚钻、钻石。

牙忽，波斯语 yaqut 的汉语音译，意为红宝石。

速夫，波斯语 suf 的汉语音译，原意为羊毛，亦指毛料或粗毛料。

10

质朴厚重的蒙古袍

蒙古袍有一种内在的气质，有这种气质的服装一看就是蒙古袍。这是一种质朴、厚重的感觉。每一个穿上蒙古袍的人都会显得诚恳而饱满。

蒙古人的生活变了，服饰也变了。文化的任何一个方面都不会单独流传，随着生活的改变，它会变成其他的样子。蒙古袍实际上是另一个体系中的时装，它在不同地域、不同年代有不同的流行款式。但不管变化多么丰富，蒙古袍有一种内在的气质，

有这种气质的服装一看就是蒙古袍。这是一种质朴、厚重的感觉。每一个穿上蒙古袍的人都会显得诚恳而饱满。

7世纪以后，蒙古人离开东部密林，西迁大漠南北，生计转变为以牧为主，与突厥、契丹等族过从甚密，衣着受其影响，渐穿右开襟的长袍。据说后来朝廷曾经颁旨，令臣民大襟一律右开。但山高皇帝远，民间往往固守着"被发左衽"不改，且视为吉祥。直到中华人民共和国成立以前，蒙古人左开襟的旧制，在孩子们的服饰上还体现得十分明显。

蒙元时期的衣履款式，既有大的改变，也有大的定型。当时东游的欧洲人和出元的宋使，都有极生动明确的记载。《蒙鞑备录》曾载：其妇女"所衣如中国道服之类，凡诸酋之妻则有顾（固）姑冠"。1246年意大利人柏朗嘉宾，1254年都曾法国人鲁布鲁克，亲眼看到当时的蒙古人男女都穿长袍，两侧开口，胸部折叠，左开襟，已婚妇女穿的长袍特别宽松，前面一开到底。衣分冬夏，夏季穿绸缎、织锦、冬天穿毛皮。一般人的皮袍都有两件，一件

毛朝里，一件毛朝外。还有一件家穿的便袍。皮袍的材料，富人用狼皮狐皮，穷人用狗皮羊皮。

如果说上述两位欧洲人记述的主要是平民百姓的衣着的话，1275年觐见忽必烈大汗的马可·波罗则主要描述的是贵族的服饰。"大汗在他的万寿日，赐给贵族每人一领金袍，他们的颜色、款式、质地都一样，都是用金黄色的丝织品。大汗自己也同样有一条用金银线绣成的皮带和一双靴子。在盛大节日时，大汗赐给一万二千名克什克腾（享有俸禄者）每人十三套衣服，一套一种颜色，上面都嵌有珍珠和宝石。大汗自己也有十三套这样的衣服，只是质地和装饰更加华丽和名贵而已"（《马可·波罗游记》）。

明朝的服饰变化不大。但萧大亨在《北虏风俗》中描述的衣袍和贾哈，似也与普通衣履不同："凡衣，无论贵贱，皆窄其袖，袖束于手，不能容一指。其拳恒在外，甚寒则缩其手，而伸其袖。袖之制，促为细摺。摺皆成对而不乱。膝以下可尺许，则为小辫，积以虎豹水獭貂鼠海獭诸皮为缘。缘以虎豹不拈草也，缘以水獭不渐露也，缘以貂鼠海獭为美观也。"这段文字里所说的"缘"

和"为缘"的意思，可能就是镶边、流苏一类的东西。这种窄袖长袍，可能是古代军服的一种变形，因为罗卜桑悫丹在他的《蒙古风俗鉴》中就说古代军装"其袖细而与手同长"。后来就成为蒙古长袍的一支，今天内蒙古西部地区的窄袖长袍就是从这里来的。"又别有一制，围于肩背，名曰贾哈，锐其二隅，其式如箕，左右垂于两肩，必以锦貂为之"。贾

哈一词，在《蒙古秘史》中也曾出现。据有些学者考证，贾哈就是贾玛（领子）的一种，古代不与衣服缝在一起，而是另外的东西。如今巴尔虎蒙古仍然穿着。只是男女款式不一：男齐脐，束以腰带。女式贾哈用绸缎或貂皮另做。

1644年，清兵入关，漠南16部49旗先后降清。清朝在蒙地推行盟旗制度，分而治之。在服装上分为朝服和便服。朝服王公贵族们穿，按等级有严格的规定。其配偶也根据丈夫的官衔品级，而穿得各不相同。普通百姓也有了清朝的马蹄袖，还给官府服兵

役，因而又有了自备的军装。近年，反映清朝历史的电视剧方兴未艾，人们对清代仕官的衣冠已不陌生。这种官帽形同斗笠，上覆红缨，顶上安有顶子，缀着花翎。可以反映官衔的大小。拧掉顶子摘去花翎就是"罢官"的意思。《鄂尔多斯婚礼》男方祝颂人回答女方堵门嫂子的祝词中，就有"为着清朝的礼节，戴了顶戴花翎"的字句，说明清朝服饰对蒙古的影响，尤其是科尔沁、巴林、阿拉善、察哈尔等较早降清和与清廷有婚姻关系的部落，这种影响更为明显。但一般老百姓和官员平时穿的衣服，仍恪守旧制，传统款式。裤子宽大而不开衩、长袖、高领，腰间扎带。为配长袍，下面穿高勒皮靴或布靴。

近代以来，蒙古族服饰相对而言变化较大，呈多元化、复杂化的趋势，品种、款式、面料、颜色变得丰富和繁多。以服装业不甚发达的蒙古国而论，蒙古袍尚有400种、靴子20种、布匹十多种款式品种。男装还变化不大，女装各地不同：锡林郭勒、乌兰察布女子扎腰带，科尔沁、喀喇沁不扎，布里雅特腰带很窄。科尔沁女子婚前穿斗篷，鄂尔多斯长袍外套乌吉。男子一般都扎宽而长的腰带，但是科尔沁的先生——即教书和看病的，则穿开衩的长衫而不扎腰带。颜色更是五花八门，大都非常鲜艳。以前除了喇嘛，普通人不穿黄、红，如今年轻人早已打破这一界限。以前冬天的皮袍能穿到夏天，夏天的单衫能穿到秋末，"虽甚富不以二衣更代，自新制时，辄服之至于蔽"，季节更替和候补衣服很少，数十年间这一现象已有改变，以前多穿香牛皮靴、生牛皮靴，如今轻革皮靴、马靴渐渐取而代之，香牛皮靴成了老年人的专用品。有些方面有向窄、轻便、简单变化的倾向。

在一些半农半牧区，由于生产方式的改变，长袍高靴已经很不方便，穿着方便的衣服和鞋子也就应运而生。但在另一方面，民族服装又受到特别的重视，出现了时装化、礼仪化和个性化的倾向，其服装款式新颖，颜色般配，肥瘦合体，诸凡大型集会、婚丧嫁娶、旅游接待，都可以见到身着盛装的蒙古族同胞出场。

实用方便的原生态服饰

11

所有这些标志性的服饰和配饰，充分体现了"既方便，又实用，不管过去多少年，我们一直都用它"的自主知识产权意识。

　　蒙古高原地处亚洲腹地，属大陆性气候。这块辽阔富饶而美丽的草原，因海拔高，地形复杂，气候变化多端，寒暑温差较大，给生活造成很多不便。自古以来，勤劳勇敢、富有创造力的蒙古族人民所以能够纵横驰骋在这块古老而神奇的土地上，逐水草而居，畜牧迁徙，其服饰是他们长期游牧生活的产物，带着方便实用的禀性。

　　在寒冷的风雪天，牧人跃马扬鞭，奔驰在茫茫的草原上，顶风冒雪，无所畏惧，是有赖于其结构严密、配套合理的服饰。他们在野外穿戴着风雪帽、肥大的皮袍、宽厚的腰带、套有毡袜子的长筒靴子，能风雪无阻、行走自如。而他们在蒙古包里欢庆时，

则要身穿吊面羊皮袍，头戴圆顶立檐帽，脚着布靴子。这是为了适应屋里的温度和抵挡在外面暂时停留时的寒冷。他们所束的宽厚的腰带，无论骑马、步行，既稳当又防寒，且能保护内脏不受颠簸。在夏季，牧人骑马放牧时往往用长长的头巾裹住头部，这既能防止日晒又能保护头部。他们穿的长筒靴子是为了骑马方便、走路安全。他们骑马出门时往往佩带弓箭和火镰餐刀。它既是生产工具，又是自卫武器。所有这些标志性的服饰和配饰，充分体现了"既方便，又实用，不管过去多少年，我们一直都用它"的自主知识产权意识。有的地区至今还依然保留着这些习俗。

"单单是谨守传统、欣赏工艺，也能带给这批牧民这么大的乐趣。他们喜欢在马鞍两侧镶上银饰，只要看到了精巧的工艺品，他们都衷心艳羡。我们有个导游是爱打扮的小伙子。他穿了一件鲜绿色的丝质短马甲，亮得让人睁不开眼，高高的领子偏偏又是张扬的怒红色，还镶了一圈金边。他的刀可不是常见的现代产品，而是一把镶饰考究的古董刀，细细长长的，装在一个银鞘中，平常就看到他把这把宝贝刀插在身后的皮带里。银鞘上还特别剜出了两道凹槽，安放着镶了银边的象牙筷子，鞘上系了一根银练，画出一个半圆的弧形，拴着打火的燧石荷包。这荷包也是用银子

镶过的。他的朋友相当欣赏他身上的小玩意儿，不是称赞两句，就是过来摸一摸，打量一番。有一两件细致的小玩意儿，大伙儿就已经够羡慕的了，如果还拿得出有点历史的古董，就更不得了。"

（提姆·谢韦伦《寻找成吉思汗》）

　　而蒙古族服装主体的蒙古袍子，更是处处都体现出了方便和实用性。蒙古人的皮袍，宽大又严实，封闭性很强，高领以抵挡风寒，保护脖颈，少灌沙子，大襟很长，又带里襟，扣子错开钉，撩起干活方便，放下暖肚防寒。

　　袖子根肥，骑马不冻手，套马驯马腋下不憋。下摆修长宽松。

骑马不冻膝盖，又可以防止蚊虫叮咬。腰暖一根带，扎上宽大腰带能抵挡风寒，不得腰腿疾病，还能保护内脏。正如一本书里讲的："袖子是枕头，里襟是褥子，前襟是簸箕，后襟是斗篷，怀里是口袋，马蹄袖是手套。"

　　夹袍用里外两层布料或绸缎缝制，适合春秋季穿用。单袍用单层布料或绸缎缝制，轻巧凉爽，最适合夏季穿着。

　　腰带的主要作用，一是为马上奔驰时保护五脏的稳固，便于人们在马上活动。二是在保暖的同时，使人显得潇洒利落，还可以使胸部宽松，双臂活动自如。三是可以在腰带上别挂一些日常用具或武器。

　　腰带还是一种装饰。男子扎腰带时，多把袍子向前提，束得很短，使胸部宽松，骑乘方便，又显得精悍潇洒。女子则相反，扎腰带时要将袍子向下拉展，以显示出娇美的身段。

　　要体现腰带的多功能，腰带的系法就大有讲究。先把腰带置于身体的正前方，把腰带的一端留出少许放在腰的左侧，然后从前向后沿顺时针方向缠绕，最后把腰带的另一端挽于腰的右侧，腰带的两端挽成穗状垂下。

　　腰带右边掖蒙古刀、火镰，在野外打住猎物，打着火镰就可以烧肉。掏出刀子就能扒皮，甚至碗筷都带在身上，到了谁家，用自己的碗和刀子，品尝主人家的手把肉。

　　"牧民身上零零碎碎的东西全部塞在腰带里，演进下来，腰带的前端变成了一个随身囊，从里面拿东西。从别人手上接东西都有一定的规矩。比如说，把鼻烟壶递给别人的时候，要右手伸直，左手呈杯状，托在下面，才有礼貌；受者也要用同样的姿势，恭谨地接过来，把鼻烟壶放在手掌上，端详一下，称赞它的雕工精巧。然后，用一把细长的抹刀，挑开鼻烟壶盖，取出一点鼻烟，

再用夸张的表情，深吸一口。最后盖上壶盖，右手托着鼻烟壶，用刚刚的姿势交还给鼻烟壶的主人。主人再次客气地把鼻烟壶递给下一个人，鼻烟壶一定要转一个圈圈才行。"（提姆·谢韦伦《寻找成吉思汗》）

最具代表性的"辫线袄"那腰间密密的细褶，用红紫锦捻成的腰线，在装饰的同时，也展现了更多的实用性；可以使下身更加宽松。长袍在实战中碍事，于是就有了被称为比甲的对襟短衣。对襟无领，在后摆处有开衩的答忽，弓箭手在马上穿着自由敏捷。

草原上强劲的风和扬沙，以及强烈的太阳光的寒气，袭扰人类的头部，精明的牧人将各种"巾"裹在头上以防风沙，避寒免晒，帽子便应运而生。随着历史的变迁，蒙古人帽子的功能超出了使用价值，上升为审美以及标志社会身份。

喀尔喀人的帽子不仅用来御寒和装饰，也表达一种特有礼仪——对客人的尊敬。

瓦帽的四块瓦保护着两耳，最容易受冻的后脖前额，带子一系下巴也保护了。

乌珠穆沁女子有3米长绸子的头巾，包扎时将头巾一头夹在右侧鬓角上，并略露下垂，外出时，只露眼睛，以防日晒、风吹。雁尾式帽，又称风雪帽，圆顶，帽檐小，但能遮阳远视。

扎赉特草原帽为尖顶、卷檐，展开可以遮住耳、腮、脖子，以避风寒。用绵羊二茬皮或掉毛的黄头、驼羔、牛犊皮鞣革缝制的套裤，防寒防潮，保护膝盖。

蒙古人用牛皮制成的靴子，结实耐用，防水抗寒性能好。靴

尖上卷，适宜在沙漠行走；靴尖半卷，便
于干旱草原疾步；靴尖平底不卷，则方便
在湿润的草原上活动。靴子套上毡袜，零
下四五十度的严寒能挺住，稍微着点儿水
也湿不透。

　　船形月牙立筒靴，靴子的尖头，乘马
认镫十分方便，在草原上徒步行走拔草性
强，据说还能减少阻力，立筒靴能防寒防
风，还能保护脚后跟和小腿，不被镫盘练
绳磕着勒着。

　　科尔沁长靴，便于乘马，易甩镫，能
防止落马拖伤。

　　布里亚特厚毡底高靿蒙古靴，穿着便
捷，走路舒适。由于居住环境寒冷潮湿，
靴子一般做厚底、翘尖、带笼套式样，冬
天保暖小腿和踝骨，夏天防止蚊虫叮咬，
在草丛中步行时还能避免被蛇咬伤。

12

超有辨识度的色彩审美

颜色是袍子的第一个章节，它给人最大的感觉是鲜艳。即通过色彩鲜艳的装束，让人从很远的地方识别对方的年龄、性别和社会地位。

千百年来，蒙古人以聚居和散居的形式，生存于草原、雪域、森林、沙漠、山川、河流、农田等多种自然环境中。蒙古族服饰的种类、款式风格、面料色彩、缝制工艺、实用功能等，都会因自然环境的多样，产生地域差异；因生产生活方式的不同性，产生文化差异。

草原上反复无常的气候，对户外放牧的牧民衣着变化提出了

挑战，远处放牧，就需要根据天气变化的可能性，选择长短厚薄适中的衣服，以应付野外放牧时一整天的气候变化。宽大的蒙古袍则成为最理想的选择。在天气炎热或温度骤变时，蒙古袍与身体之间能形成一个小气候，形成人体与外界之间的过渡带。

察哈尔蒙古族服装肥大、厚重，注重保暖。

和硕特蒙古族服装简单朴素，内穿一件蓝色或黑色的长袍，外套对襟的坎肩，以青色为美。

锡林郭勒的蒙古族，男服宽领大袖，腰带上右边配镶银的蒙古刀、火镰，左边带内装鼻烟壶的褡裢；女装多为红绿色彩艳丽的袍，姑娘以丝绸束腰，头扎彩巾。中华人民共和国成立后，经济发展较快，特别是改革开放以后，中青年男子着西装比较多，女子仍较多着民族服装。

巴尔虎蒙古族服装宽而肥大，立领、右衽、马蹄袖，是蒙古族中原始风格保持得最好的服装。

科尔沁蒙古族服装为满蒙组合式，内穿一件长袍，无马蹄袖，以边缘为饰，外套一件齐肩长褂，即敖吉。

鄂尔多斯蒙古族则以守护"八白室"

而引以为豪，在他们的服饰中多了一些礼数和虔诚。

在鄂尔多斯，蒙古族在祭奠成吉思汗陵园时，都要穿着传统的节日盛装。这种装扮通常出现在逢年过节、婚丧嫁娶，或者是祭拜的典礼场合。

《元史·太祖本纪》云："建九斿白纛即皇帝位。"其中的"白纛"就是白旗。《蒙鞑备录》云："成吉思汗之仪卫建大纯白旗以为认识，此外并无他旗。"《蒙古秘史》云："成吉思汗对兀孙老人说：你可做别乞（别乞为一族中之长者）骑白马，着白衣，坐在众人上面。"其他，如陵园以八白室为享殿，祭祀必献白马，臣民进贡以九白为上品等。可见，古代蒙古族以白色为纯洁的万物之母，象征心地纯朴忠良、洁白无私。

在乌珠穆沁牧民看来，白色纯净而美好，是幸福吉祥的标志。于是，他们把一年一度的首月（农历正月）称为"查干萨日"，汉语就是"白月"之意。在炎热的夏天，男女老少都喜欢穿白色的长袍，妇女都愿意戴白色头巾，表示喜庆，并用以防暑和保持清洁卫生。妇女的首饰也多用白银制作。他们还喜欢用"查干"

一词来命名山水、地名和人名。可见，他们对白色的喜爱已经到了无以复加的地步。

"一路前行，我们这支小小的队伍越拉越长。有人甚至骑了四五个小时的马，为的是牵几匹马过来，供我们替换。有时经过蒙古包，里面的人知道我们要上

哪去，就扔下手边的杂事，跟我们一道走。到了中午，一个雄赳
赳的汉子，带了两个小朋友，也加入了行列。他穿了一身猩红的
蒙古袍，戴着有点像是西式呢帽的宽边黑帽，背上还背了一把擦
得精光闪亮的来复枪。他的孩子大概七到九岁，一个穿紫，一个
穿绿，三个人跟马队一起走，为我们这支队伍带来了鲜艳的色彩。
我们有点刻意地在河谷里缓慢行进，马蹄所到之处，一片尘土飞
扬。"（提姆·谢韦伦《寻找成吉思汗》）

　　在广阔的草原上，人们之间的行动距离非常远，有必要在很
远的距离范围内辨别对方的年龄、身份、性别等，因此，袍子的
颜色多以较为鲜艳的色彩为主。

大多数蒙古人偏爱白、蓝、棕、绿、红、浅黄、和浅灰等颜色。白色的乳汁的颜色，象征着纯洁、善良和美好，标志着吉祥、幸福和富庶等。蓝色是天空的颜色，象征着永恒，代表着长生天。长生天是蒙古人的最尊崇的神灵，也标志着辽阔、雄俊、诚实和智慧等。棕色是土壤的颜色，象征着大地母亲。绿色是青草的颜色，象征着生命繁衍不息，标志着繁荣和昌盛等。黄色和浅黄色是太阳和月亮的颜色，蒙古人古时候崇拜日月星辰，标志着光芒、灿烂和崇高等。红色是朝阳的颜色，标志着亲热、温暖、高贵和蒸蒸日上等。同样，大多数蒙古人忌黑色，因为黑色标志着黑暗、邪恶和不幸等。就摔跤服的蓝、黄、红色绸缎组成的彩裙而言，依次为天、地、日的象征。

草原、蓝天、白云、绿草、多彩的鲜花，在蒙古人感知系统的屏幕上反复闪现，使得蒙古族对颜色有着强烈的敏感性，纯净鲜艳的色彩不但丰富了他们的视觉世界，也把色彩运用到生产和生活现实世界，颜色是袍子的第一个章节，它给人最大的感觉是

鲜艳。即通过色彩鲜艳的装束，让人从很远的地方识别对方的年龄、性别和社会地位。穿着鲜艳色彩的服饰，是远距离联系最通行和最方便的方式。在暴风雪中，身穿红色的蒙古袍无异于现在的 SOS，这时鲜艳的色彩可能成为生死攸关的搜救信息。

在时代的跨越中，服饰的色彩逐渐成为服饰的

装饰元素。当你走进莽莽草原，男女老少的盛装艳服，如万花般争奇斗艳。亮丽的色彩在草原上、在各种服饰上激情奔放。不过，你只要把心静静地放在草原的任何一个地方，你就会发现，这未经开发的大自然，原本就是鲜花盛开、姹紫嫣红的，服装的艳丽，正是对她的一种流泻。

蒙古袍的颜色选择与穿着者的生活环境、职业特点和性别等因素密切相关。服饰随年龄的差异而有所不同，老年服饰颜色比较深沉，以古铜色、暗色表现庄重。年轻人的服饰艳丽多彩、朝气蓬勃。喇嘛则以黄、红、紫传达气氛。蒙古族头饰上采用对比强烈的颜色，其中珊瑚、绿松石、珍珠、玛瑙，多用红、绿、白色，以红为主，间配蓝、绿色。这种色彩搭配，使头饰既富丽堂皇，又生动活泼。

今天，随着蒙古人与外界交往的增多和人们审美意识的变化，蒙古袍的颜色也变得越来越绚丽多彩了。

惹眼吸睛的镶边装饰

13

当现代蒙古族的服饰展现在我们面前时，那新颖别致，与款式风格、面料色彩相协调的镶边装饰分外抢眼。

　　蒙古族服饰之所以具有功能多用的装饰特点和独具特色的工艺特点，是由它与众不同的制作工具和制作思想决定的。在蒙古族服饰上，有一种鲜明的民族风格附件，叫作"扣袢儿"，它既是长袍、坎肩必不可少的组成部分，又是长袍、坎肩的装饰品。

　　最早的扣袢儿是用皮条、骨节、木头制作的，主要是为了把衣服固定，体现出明显的实用性。到蒙古汗国和元代，以金、银、珍珠和金锦、布、帛制作的华美的扣袢儿，才在实用的基础上有了装饰的作用。

　　一旦承担了审美的责任，扣袢儿的发展便如百花争艳，从制作材料来说，可分为珠宝类、金银类、铜铁类、皮革类、布帛类、库锦类、

化纤类，或将其中几类组合的综合类。从形状来看，组袢儿的质料和色彩，要与镶边装饰相统一。

扣坨多为圆球形、丁字形。金银珠宝等高档扣坨，一般都有雕琢各种精美的花纹图案，并有托盘装饰，其上镶有珊瑚、绿松石等。金银珠宝类扣坨与扣袢儿用活环联结，不穿时，可以把扣坨解下来另外保存。

扣袢儿的形状多长而直、盘结。钉扣袢儿时一般要手工缝制，而且要保证纽袢儿的直、立、扁等形状，牵缝的针脚和针距要均匀一致。一件长袍或坎肩缝制得精美与否，很大程度上取决于扣袢儿的缝制工艺。巴尔虎、苏尼特长袍之所以秀气端庄，其中笔挺标致的扣袢儿装饰，起着重要的衬托作用。

当现代蒙古族的服饰展现在我们面前时，那新颖别致，与款式风格、面料色彩相协调的镶边装饰分外抢眼。它是表现蒙古族服饰浓厚的民族特色和鲜明的地区风格的独特的装饰工艺之一。

从现代蒙古族服饰来看，衣、帽、靴和其他装饰品都有镶边装饰。其中长袍和坎肩的镶边装饰最为鲜艳，也是最具代表性。领边、领座、大襟和袖口之缘有镶边装饰的长袍较为普遍。乌珠穆沁地区多穿领边、领座、大襟、袖口、垂襟和摆衩之缘有镶边装饰的长袍。布里亚特女子穿领边、领座、大襟、袖口、袖筒和腰围有镶边装饰的长袍。其他地区的镶边部位各有不同。

镶边工艺的手法可分为绲边儿、沿边儿和饰绦三个部分。其中绲边儿主要起加固作用，沿边儿和饰绦主要起装饰作用。镶边工艺的格式有单沿边儿、加一道流水的宽沿边儿、加两道流水的宽沿边儿和组合宽沿边儿，在生活中比较流行。镶边的材料有布、帛、皮、绒、库锦、绦子、化纤布等。其中最普遍的是库锦、绦子、化纤布镶边。镶边的色彩构成，男女老少各有不同。一般来说，妇女服饰的镶边最华丽，老年服饰的镶边最朴素。

故事链接：

也速该夺取诃额仑夫人

一天，也速该把阿秃儿在斡难河畔鹰猎为乐。忽然，他看见蔑儿乞惕部的也客赤列都骑着马而来。原来，也客赤列都刚刚从斡勒忽兀惕部娶妻回来，路过此地。斡勒忽兀惕部是属于游牧于（蒙古东部）哈拉哈河注入捕鱼儿湖之河口地区的翁吉剌惕部的一个氏族。也客赤列都娶来的女子名叫诃额仑。这时，这一对年轻夫妇兴高采烈地从这里经过，恰恰被也速该一眼看见，这对于新郎来说太不幸了。也速该的确目力不凡，他一眼就看出这位少妇是罕有的丽姝。他马上翻身跑回家，叫来了他的哥哥捏坤太石和弟弟答里台斡惕赤斤。看到这三条大汉如狼似虎地扑来，也客赤列都不禁心里一阵发慌，急忙拨马（据蒙古诗人说他骑的是一

匹栗色战马）向附近的一座小山上驰去。也速该兄弟三人也催马
紧紧追来。围着小山跑了一圈后，也客赤列都又来到他妻子乘坐
的车前。诃额仑是一位很有头脑的女人，她非常明智地对丈夫说：
吾观彼三人颜色，好生不善，似有害汝性命之意。汝若相信吾，
可快逃性命。但得保住性命，何愁再娶不着好女美妇？……若再
娶得妻室，可以吾名诃额仑名之，算汝未能忘吾。快逃性命！离
开此地！带去此物，以使汝记起吾时，可闻见吾之气息……"

　　诃额仑说毕，即脱下一件衣衫，扔给新郎，也客赤列都急忙
下马，接住新娘扔来的衣衫。这时，也速该三人也绕山跟踪而来，
眼看就要来到车前。也客赤列都急忙上马，快马加鞭，一阵风似
地沿斡难河河谷逃去了。也速该三人一看，也打马直追，但追过
了七道岭，也没有追上也客赤列都，只好掉转马头，驰回诃额仑
车前。也速该得了诃额仑夫人，得意扬扬地带着她返回自家蒙古
包。蒙古诗人描绘说，也速该当时因夺得这样的"战利品"而乐
不可支，亲自给诃额仑赶车。其兄捏坤太石策马扬鞭导于前，其
弟答里台斡惕赤斥傍辕而行护于侧。此时，可怜的诃额仑则在车
中边哭边说："我夫赤列都，未曾逆风吹，不曾野地受饥寒也！
如今却如何！彼在奔逃中，其双练椎迎风而动，忽而搭启后，忽
而技胸前，爬山过岭，何等艰难。被何至落得如此惨境焉！"据
传，当时诃额仑的哭诉，使斡难河河水荡起怒涛，使森林随之呜
咽。但是，傍辕而行的也速该之弟答里台斡惕赤斥则一边行进一
边酸溜溜地对车内的诃额仑说："汝欲搂于怀中者已越岭多矣，
汝所哭者已涉水去矣，虽呼彼亦不回顾汝矣，汝虽寻踪往追亦不
得其路矣，汝其止泣也矣。"答里台斡惕赤斥就这样以挖苦的口
吻劝着诃额仑，劝她忍耐顺从，认可眼前的事变。就这样，诃额
仑跟着也速该来到了也速该的蒙古包。她明智地顺应了这一变化，
从此，全心全意地侍奉着也速该。

漂亮精美的蒙古族刺绣

14

在古代的蒙古社会中是不出售各种衣帽等生活用品的，各种用品和刺绣品全部由每个家庭中的妇女来担负。

　　和蒙古族服饰一样源远流长，最直接展示蒙古族服饰美的魅力手法，便是蒙古族刺绣。

　　刺绣，蒙古语叫"嗒塔戈玛拉"。蒙古族刺绣同众多传统手工艺一样，在中华民族悠远的记忆中留下了深刻的烙印。说起刺绣，人们马上会联想到那是江南秀女的专利。其实不然，草原上

的蒙古族妇女，强健、丰腴，不但能牧羊，而且个个都是刺绣能手。

蒙古袍的生产其实也存在一条产业链，由于大部分牧民现在都会做蒙古袍，所以制作袍子这个过程大多还是在家里完成的，但是绣花要花去很多时间和精力，所以很多牧民进城买绣片缝在袍子上。大部分牧民家的女人也会绣花，如果有精力，她们也愿意自己绣。

在古代的蒙古社会中是不出售各种衣帽等生活用品的，各种用品和刺绣品全部由每个家庭中的妇女来担负。姑娘在出嫁前都要给婆家的每一个人做一双"斯布登高吐拉"靴子，这种"斯布登高吐拉"就是从娘家带给婆家全家的见面礼，一般家庭都要做上五十几双鞋和靴子，特别是给新郎做的靴子就要更加细心，其造型和图案的花纹也十

分讲究，刺绣的技巧也十分精细，同时还要给新郎精心刺绣八个飘带的烟荷包，这些都是在出嫁前赶制的。（这些习惯在东部蒙古族旗县尤为突出）这种靴子的刺绣好坏，常用来衡量姑娘的聪颖程度和能力。

在蒙古族服饰刺绣艺术中，潜移默化地接受了汉族文化的影响。蒙古族对龙凤非常崇拜，认为龙凤是神物，并不具有汉族的统治含义，因而在服饰、荷包、建筑壁画、银碗、蒙古刀等地方都用龙的图案进行装饰。

蒙古族服饰刺绣，主要运用于帽子、头饰、衣领、袖口、袍服边饰、长短坎肩、靴子、鞋、摔跤服、赛马服、荷包、褡裢等处，刺绣的图案都含有一种潜在的象征意义，或喻富贵，或表生命繁衍，通过不同题材的造型表现，运用了比喻、夸张的手法寓情于艺术。如变化多样的盘长图案，在与卷草纹等不同图案的结合，象征吉祥、团结、祝福。犄纹，代表五畜兴旺。蝙蝠，象征福寿吉祥。回纹，象征坚强。云纹，有吉祥如意的含义。鱼纹，象征自由。虎、狮、鹰象征英雄。再如杏花象征爱情、石榴寓意多子、蝴蝶象征多产的母亲。寿、喜、梅代表美好的祝福。

蒙古族服饰刺绣中，绣线浮凸于布帛及各类皮革之上，姿态各异的针法在绣面上形成丰富多变的触觉肌理，有的粗犷、有的

细腻，并且以明快的纹样形象凸显出来，产生一种浮雕的视觉效果。炫奇夺巧的各种针法，各种肌理变化是刺绣艺术的重要审美。蒙古族服饰刺绣，明快鲜亮与质朴无华的色彩，强调颜色由淡到深，进行色彩推移。图案在形式上也具有浓厚的装饰性，体现了图案与颜色协调、统一，同时融汇着蒙古人民对自由、和谐、幸福的无限渴望，形成装饰与实用完美结合的艺术形态。

在蒙古族各种服饰刺绣中，蒙古族摔跤服以鲜明的民族风格和地区特色闻名于世。在那达慕大会上，蒙古汉子们穿的摔跤衣裤，在"班吉勒"的套裤上，绣着龙、凤、虎、象、各种卷草纹样的吉祥图案，威武、古朴，具有极高的艺术欣赏价值。

蒙古族服饰刺绣自然而不造作，朴素而无虚饰，心灵手巧的蒙古族妇女，仅凭一缕丝线，几片绸缎，就能巧妙地缝绣出一件件凝聚生活哲理、包含人间情趣的各种服饰以及生活日用品，可谓锦绣花团，竞相争妍。以其独特的艺术形式，充分展示了蒙古族妇女精湛的技艺和蒙古族服饰的无穷魅力。五彩的丝线始终不分贵贱地装点着蒙古族服饰。同时，也记载着蒙古族的历史、信念、理想和审美情趣，表现出一个民族、一个时代，各个阶层的文化修养和精神面貌。

民族服装服饰大赛
COSTUME COMPETITION

15

实用文化风的帽子

在古代社会里，蒙古人的帽子是社会身份最明显的标志之一，因此，有贵族与贫民、黄金家族与百姓之区分。

　　蒙古人看重头部，以及与头部所有相关的一切，诸如五官、头发、眉毛、胡须等，是不许别人随便触摸的。自然，头上戴的帽子也有着至高无上的地位，它代表的是作为人的一切及其尊严。如果别人无意中碰到自己的帽子，就被认为可能要遇到倒霉的事，被人故意碰到帽子则意味着受到侮辱，自尊心特别强的人当场就

会做出反击。

　　蒙古先民最早是用貂皮、狐皮、羊皮等兽皮制作帽子的。后来逐渐有了棉、麻、丝等制作材料。草原四季分明的气候环境，使帽子成为蒙古人不可或缺的生活用品，其功能和样式更加丰富，凝结为一种蕴含深邃的文化载体。在漫长的社会发展过程中，帽子的功能远远超出了它的使用价值，上升为审美以及社会身份的标志。

　　蒙古人的帽子原先分为男女、礼仪、官吏、军戎、僧侣等不同种类。在古代社会里，蒙古人的帽子是社会身份最明显的标志之一，因此，有贵族与贫民、黄金家族与百姓之区分。在不同服饰中帽子的象征意义最重要，所以蒙古族在漫长的生产实践中，积累了有关帽子的内容丰富的风俗文化。

　　在任何重要场合，蒙古人都注意帽子及其戴法，迎客人时不论男女都要戴好帽子出来见面。这有双层意思，一方面证明自己

的体面，另一方面也要尊重客人。尤其是古代，女人如果没有帽子或来不及戴帽子就不能出现在陌生人面前。到了近现代之后，蒙古社会出现了较为严重的贫富差别，但是再穷的人家，也要想尽办法置办好出嫁姑娘的头饰，这与蒙古人尊重帽子的习俗不无关系。

蒙古人虽然特别看重帽子，但忌讳捡别人丢下的帽子，他们认为，口子朝下的物品盛不住好运气，或者把自己的人气遮住；同样道理，丢帽子的人也不会专门去寻找帽子的。蒙古人必须把帽子戴正，特别小心不让帽子掉地下。如果无意中掉在地上，就用右手轻轻地托起，亲吻一口再戴起帽子。如果别人踩踏或跨过帽子的话，用火"净化"后才能戴。摘帽子放下时，必须搁置高处或者放在折叠好的衣服之上。男人的帽子不可以放在女人衣服之下。

蒙古人在所有的服饰中，最珍惜和尊重帽子，所以遇到特别要紧的事情，总会听到"没有时间捡起帽子"（没有机会跟你说话）等说法。对蒙古人来说，帽子代表着他们的人气、人格以及尊严。明朝人萧大亨有这样的记载："其帽如我大帽，而制特小，仅可以覆额，又其小者止可以覆顶，赘以索，系之顶下；其帽之沿甚窄，帽之顶，赘以朱缨，帽之前，赘以银佛，制以毡或以皮，或以麦草为辫绕而成之，如南方农人之麦笠然，此男女所同冠者。"蒙古国一位学者说，蒙古帽几百年来帽顶有尖化的趋势，最上面缩个算盘疙瘩，以此为中心，向周围辐射垂下许多条红缨，两面缀两条带子。他还说疙瘩代表太阳，红缨代表辐射光芒，两条飘带代表自由自在地生活在阳光里。这在形制上跟萧大亨所记是非常相近的。

蒙古人的帽子不但有男女之别，而且有冬夏之分。冬帽有皮帽和毡帽，分圆顶与尖顶两种，其中圆顶带后檐，如箕形。夏天戴毡笠，其形状如钹，亦名钹笠，帽檐甚宽，可遮挡阳光，后部缀上布条护颈，以防风沙蚊蝇，帽顶有顶珠或雉尾。起初蒙古人戴的帽子没有前檐，忽必烈因日光强烈而无法睁开眼睛，多有骑射之苦，便告诉察必皇后，皇后在帽子上加缀前檐，"帝大喜，遂命为式"（《元史·后妃传》）。《草木子》一书说："官民皆戴帽，其檐或圆，或前圆后方，或楼子，盖兜鍪之遗制也。"（《草木子·杂制篇》）

从宋人所绘的《射猎图》中，有戴皮帽，着貂袖的北方骑士。也就是说，在元代已经出现卷檐、圆顶或尖顶的帽子，当时，其帽檐甚窄，帽子的顶部覆以朱缨，帽子前面缀有银佛，用毡子或是皮子制成。可见，蒙古族戴帽的习俗古已有之。

从外形和作用上看，蒙古族牧人的帽子主要有：圆顶立檐帽、尖顶立檐帽、风雪帽、陶尔其克帽、三耳帽、四耳帽和圆帽几种。

圆顶立檐帽　帽檐有高低前后，有的则前后一样高。顶部有的有算盘结，为红色。有的垂有两条飘带，有的则没有飘带，以黑毡为之。《呼伦贝尔志略》中记载说："帽之形平扁，以毡为之，缘反折而上，亦有绸面尖形者，附以皮耳、顶缀红缨一撮，而圆

形缎面饰以金边便帽，尤喜冠之。"据考古资料发现，牧人所戴的圆顶立檐帽与元代所戴的基本一致。

风雪帽 又称栖鹰冠。栖鹰冠有尖顶和圆顶两种。圆顶风雪帽后檐较长，尖顶风雪帽后面有一皮毛穗。其特点是帽檐较小。

陶尔其克帽 圆顶，瓜皮形，顶有算盘结，帽边宽二指，其中间的地方有装饰，护耳用水獭皮、貂皮、羔羊皮，春秋季戴的缎制的，有缎带。从款式看，陶尔其克帽有护耳和无护耳两种。从面料看，有冬季戴的毡制帽，也有春秋季戴的缎制帽。

三耳帽、四耳帽 均为冬季戴的皮帽，其立檐或前圆，或前圆后方，顶部有红色的算盘结，有飘带。

圆帽 圆顶，无顶结，帽口以上四指翻毛饰边，边上有吉祥图案。有的帽子中间分绣有二龙戏珠的精美图案，有的帽边左侧钉有天鹅绒制成的花朵，还有的额前佩有镶嵌宝石的金银饰物。这种帽子为蒙古妇女佩戴，典雅庄重，独具风韵。

现在草原上流行的帽子很多，主要有下列几种。

将军帽 多为演员和男儿三艺表演者的礼帽：下面是标准的圆形，往上收时渐渐成平顶，其梢又尖锐起来，顶着一个算盘疙瘩。下面一圈另钉四块瓦，上面可绷皮子。其做法是先从脑门和后脑勺斜转一圈，量出戴帽者的头部大小，将其一分为四，做成四个桃花瓣儿，再加上缝头，做出帽子的本体。里面沾上几层布裱的壳子。四块瓦也用衬子做底，大小一致，绷上皮毛或大绒，跟帽底沿缭在一起。向上翻起来，大小要跟头顶相当，过大过小都不好看，缭时要注意在缝合的部分絮些棉花，防止天冷把耳扇放下来的时候，风从缭缝的地方透进来。将军帽是男人戴的，面料不可太艳，但在缝合桃花瓣和四块瓦的夹缝处、可以适当夹一些颜色稍艳的布条。这些布条要一次弄好，大小宽窄一致。

瓜皮帽 剪裁跟将军帽相似，只是瓣瓣较多，顶上比较秃，算盘疙瘩安得低稳。如果加耳扇，要两大两小，两个大的一样大，两个小的一样大。不能像将军帽样四块瓦平分。耳扇也要和帽体契合。压边与镶边和将军帽相反，宜用艳色绸缎库绵。其顶一定要有红缨，多用一束浓厚的红线构成，不能用别的颜色。此帽男女皆宜，然男子只能戴无缨穗者。女子欲戴绷皮子的瓜皮帽，一时找不到红线作缨，可用貂鼠或松鼠尾巴代替。蒙古人的瓜皮帽全用黑白毡子作胎，上面多用绸缎库绵覆被沿边，甚而有刺绣花纹和穿缀珍珠珊瑚的。

草原帽 这是一种牧民普遍戴的帽子，裁剪较为容易。它不用绕头一圈量头的大小，取头顶到下巴的距离安排面料就可以了。面料用绸缎布料均可。将两个差不多的长方片对在一起，顶子折

成圆的，向后脖颈斜裁下去，前面脑门之处稍微缩回去一些，两块从中间缝起来就行。里子参照面子的大小裁出，做出来是个斜桶状物。后面镶边的部分，要用布在背后裱一层。为了好看，一般要用纱绸和颜色相近的绦子宽点镶一圈，再在上面镶一圈细一点的道子。还要在宽边里面缀个吉祥的图案。因为图案缝时要穿过背面，所以一般把帽圈围进来以后再缝比较顺手。由于把两半个吉祥图案在背面对合比较困难，有一般事先要把完整的吉祥图案编结好。草原帽钉皮子时很有讲究。如果是狐狸皮，不能以脊背为中心一破两半。因为狐狸皮前半截毛薄，后半截毛厚绒多，所以横着破两半最合适，这样前面和后面可以各做一顶。沙狐的皮毛不存在这个问题，从中间竖破完全可以。山羊皮、绵羊羔皮、老羊皮的毛是均匀的，只要不是白一块黑一块就就行。然而孩子却故意用这种花里胡哨的皮子做吊面子。

阿拉善帽 前额和后脑勺上有小半圆的扇儿，两边有大半圆的耳扇。都钉上貂皮或水獭皮，外面用绸缎裹起来，脑门跟前用珍珠穿成楼阁或蝙蝠图案。边缘用丝线镶起来。后来前面的扇儿变成了大的，左右耳扇与后屏风连在一起，钉上水獭、貂皮或水鼠皮，一时颇为流行，男女都戴。由于地域的不同，人们对帽子式样各有侧重，或各有取舍创新。

巴尔虎蒙古人和科尔沁蒙古人均有戴圆顶檐帽的习惯。

科尔沁巴林男子逢年过节、喜庆节日，头戴貂皮或水獭皮红缨圆顶立檐帽，中老年则头戴棕褐色圆顶立檐帽。

喀尔喀妇女较为常戴尖顶立檐帽。

杜尔伯特妇女冬季则戴平顶立檐圆帽，且后边有根飘带。

乌珠穆沁人在春秋季和夏季也戴前半檐可以上下活动的圆顶立檐帽。在冬季要戴乌珠穆沁式的风雪帽。

乌拉特的新郎戴钉有水獭皮的圆顶立檐红缨帽，春秋季则多戴钉有平绒的圆顶立檐帽。男子冬季戴风雪帽，帽耳以及帽后边

有飘带。

　　布里亚特男女在春秋和夏季所戴的尤登帽，其款式类似古代蒙古人戴的栖鹰冠。帽子是用呢子做成，所以能随意折叠成各种样式。也就是说，戴者可根据季节、气候和年龄、性别变换成最合适的样式，既有民族特点又有地区风格，既携带方便又一帽多变，非常有创意。

　　土尔扈特已婚女子所戴的陶尔其克帽系尖顶，有火形图案，护耳带较长，甚至垂至腰部，显得飘逸俊美；男子所戴的陶尔其克帽正面有钱形图案，颇有特色。

　　鄂尔多斯男女冬季和春秋季均戴有尾帽（风雪帽），也称"胡鲁布其"。还有劳布吉帽，与风雪帽相似，但后边无长尾。他们普遍戴圆帽，但姑娘不戴这种圆帽。冬季圆帽之檐要钉羔羊皮或貂皮、水獭皮、春秋季则钉大绒或丝绒。妇女戴的圆帽绣有丹凤朝阳或二龙戏珠的图案。

　　察哈尔人冬季无论男女老少，均戴风雪帽，其式样类似乌珠穆沁风雪帽。妇女冬季也戴圆帽。

华丽贵重的妇女头饰

16

蒙古族妇女头饰虽然造型繁多，其基本样式可分为四大类，即练椎（发套）类、发卡类、发簪类和头戴类。

　　蒙古族妇女头饰是蒙古族民间艺术的重要组成部分，是蒙古族妇女首饰中最绚丽的部分，也是民族文化百花园中的一朵奇葩。主要有头巾、帽子、顶饰、额网、额箍、腮饰、颈饰、胸饰、纽襻儿、流苏、练椎、垂饰、坠饰、发卡、发钗、发簪、耳环、耳坠等。这些饰品大多用玛瑙、珊瑚、翡翠、珍珠、绿松石、黄金、白银、玉器等珍贵材料制成。

额箍用金、银或珊瑚珠子串起来，每隔一定的距离镶一颗宝石，宝石的周围都用小铜珠缀成一定的图案。前面的流苏用小串珠排列成行，或编成图案。另外，用串珠做成的连束中间，对称地镶上各种铜环，连束最下面是形状和花纹都有差别的小铜铃。真可谓巧夺天工。

　　蒙古族妇女头饰虽然造型繁多，其基本样式可分为

四大类，即练椎（发套）类、
发卡类、发簪类和头戴类。

练椎类头饰　把头发
从头顶编成两股分别装入
练椎（发套）中，是因为
环境干旱缺水、自然环境
风沙频繁而采用的一种简
洁实用的编发方式。代表
部落有布里亚特、土尔扈
特、和硕特、杜尔伯特、
厄鲁特、青海蒙古族、乌
梁海、巴雅特、扎哈沁、
卡尔梅克蒙古族等。

发卡类头饰　把头发从头顶分成两股，用类似水胶的黏合物
粘成像盘羊角状造型，用若干发卡固定头发的编发方式。代表部
落有喀尔喀、巴尔虎、明安特、达里甘嘎等。

发簪类头饰　把头发编成两股用发簪、发钗完全盘绕固定于
脑后，是因为生活环境温暖、生产方式农耕化而采用的一种编发
方式。这种编发方式主要受满族人的影响而形成。代表部落有科
尔沁、阿鲁科尔沁、巴林、喀喇沁、扎鲁特、扎赉特、翁牛特、
敖汉等。

头戴类头饰　使用额箍、额网、腮饰、颈饰、练椎、胸饰、
纽绊儿、顶饰、坠饰等饰品，以装饰为主，实用性为辅的一种编
发方式。特点是选用金、银、珊瑚、绿松石、玛瑙、珍珠、宝石、
翡翠等珍贵材料串缀而成，显得雍容华贵，璀璨夺目。代表部落
有鄂尔多斯、乌珠穆沁、察哈尔、苏尼特、阿巴嘎、阿尔噶纳尔、
土默特、达尔罕茂明安、乌拉特等。

蒙古族妇女头饰无论其样式、功能，还是制作工艺和戴饰方

法，都具有浓郁的民族风格和时代、地域特征，体现了蒙古族别具特色的审美情趣。而且还有部落、年龄、婚姻状况、社会地位之别，蕴含着丰富的文化内涵。

流行于内蒙古鄂尔多斯草原的鄂尔多斯妇女头饰是其代表，未婚少女穿耳孔戴镶宝石等银耳环，梳独辫式发，已婚女子梳两辫垂于胸前，戴由练椎和头戴两大部分组成的全套头饰。

巴尔虎部深处草原东部腹地，由于地域的原因，其妇女头饰相对完整地保留了本部落的传统特征。

布里亚特蒙古族已婚女子头饰型制较简洁、明快，只在额箍上坠红珊瑚珠十数粒，两侧各有一个镂花的圆形银饰，并与胸前圆盒挂饰相连。

科尔沁蒙古族已婚女子头饰，用来梳盘高髻的一种珊瑚串。制额箍时，用几股棉线串缀珊瑚，排列成四行，中间以翡翠等宝石隔成的一种头饰。翡翠牌可以用3—5个，正中间的是四方形

或圆形，其余是蝴蝶形。

达尔罕茂明安、乌拉特蒙古族妇女头饰，因同为成吉思汗哈布图哈萨尔后裔所领，故妇女头饰极为相似。达尔罕茂明安头饰在发辫装饰上稍有变化，用两个长方形嵌宝银箍束起发辫，再在银箍上插上辫插，起固定的装饰作用。乌拉特头饰的颊侧饰流穗长，达于腰际。

阿拉善和硕特蒙古族妇女的头饰，是在练椎顶部缀有两颗珊瑚或玛瑙，两边各有一椎垂至胸前。黑帽子上绣红色珍珠，显得端庄秀丽。这一地区由于自然地理条件差，风沙大，头饰具有防沙功效。

锡林郭勒盟和乌兰察布妇女头饰，大体都是顶部以玛瑙或珊瑚编成发箍，前有流苏。头饰还附带有银子镶嵌的宝石配在胸前，以示吉祥如意。

高端奢华的鄂尔多斯头饰

17

鄂尔多斯蒙古族妇女的头饰，顶部是用花纹或龙凤图案绣成的帽子，帽子的造型本身就很庄重、富贵。

蒙古妇女的头饰，以鄂尔多斯草原上蒙古族妇女头饰最具代表性，也最复杂。传统的鄂尔多斯牧民妇女头饰重达 1500—2000 克，而王公贵族妇女的头饰重量可达 5000 克左右。这种全套头饰是已婚的标志，第一次戴头饰要在婚礼上，由两位德高望重的

"梳头父母"（梳头父母：鄂尔多斯蒙古族娶亲时，要邀请一对儿女双全、德高望重的老年夫妇来给新娘梳头，只有当梳头父母的人才能有资格分开新娘的姑娘发型，并能主持新娘向婆家的火灶叩拜）进行梳戴。象征着男女婚配告成，从此，夫妻相亲相爱，白头偕老。

鄂尔多斯蒙古族妇女的头饰，顶部是用花纹或龙凤图案绣成的帽子，帽子的造型本身就很庄重、富贵。帽子下面连着用串串珍珠缀成的发箍。据说在过去是以串珠数目的多少来衡量主人的富有和地位。发箍的下面是两旁的流穗，穗子有的是一色的，有的是红绿相间，穗子的数目和串珠的数目要左右两边相等。

头饰的名字很有趣，一个叫达罗勒嘎，一个叫细勃格。达罗嘎有"压迫""镇住"之类的意思，细勃格是用泥抹住的意思。这两种称呼都跟头饰风马牛不相及，怎就成了头饰呢？

成吉思汗出生的时代，各部落征战不息，互抢对方的牲畜、妇女据为己有。据说为了防止俘获的女子逃亡，蒙古人的做法是在辫子上拖一条橼，汉人的做法是脚上抹一团泥，以后就变成了细勃格——练椎，头戴——达罗勒嘎。这与郁达夫所说领带原是东方人加在西方人身上的刑具是一样的，也有的说不是这样来的，是为了防止被俘获的女子逃跑，就特意给她们打造一些金银首饰，戴在头上。这玩意儿十大几斤，戴在头上走不快，丁零当啷还有响动，一跑就被人家一趟快马追了回来，所以叫达罗勒嘎。这些

女人还不死心，每天起来往外倒灰，都倒在一个地方。日久天长积成一个高丘，她们就爬上去向故乡眺望。直到现在，牧区的灰堆多选在东南。其实这是因为高原冬季常刮西北大风，怕把灰土吹进家里的缘故。总之，首饰戴在头上再没取下来，以至成为不可或缺的东西。姑娘出嫁的时候，父母必须为她做一副头饰，无之不能成婚，不能见人，哪怕是假的简易的也得对付一副。有些老年妇女，谈到当年父母为她们准备头饰时的艰难，往往都有一段故事。

随着时间的推移，那条木橡进化成一截带杈的小木棒。将带叉的一头用棉花缠成疙瘩，用布裹缝起来。姑娘出嫁时把发辫解开，从正当间分成两半，第一半梳成许多小辫，就像新疆姑娘一样，把一面的小辫均匀地笼罩在这个木头疙瘩上面，用皮条在疙瘩下面捆住，这样就把头发和木棒绑在一起。然后再把它牢牢插进一个上粗下细的发套里面，下面坠上宝剑头飘带。还要在外面罩个斗圆形的饰片，背面（里面）用扣子固定在疙瘩上面。这全部的物件组合成的整体就叫练椎。古时用的木头，从上到下一根，长约尺许，擀面杖粗细，干活睡觉非常不方便，传说中的那种痕迹还比较明显。后来就大胆改革了一下，把它截短，变成活的，不与头发绑在一起，连发套可以取下来，压迫减轻了不少，但还留一个蝌蚪尾巴。

半圆形的饰片，在鄂尔多斯叫作奥如达格，又

叫道布其鲁尔，形状活像个写扁的 D 字。用碎布裱成硬衬子剪成，长约一拃，宽约一虎口。缝纳出来以后，再在上面镶饰。中心是一个口形的一个 D 形的"古"，这两个排在一起仿佛是这整个半圆片的缩印件，古跟勃勒（一种配饰）差不多，实际上就是一枚嵌珊瑚或珍珠的银花。一般的古正好一两纯银，边上一圈云纹、花卉、蝙蝠、哈那纹、吉祥结、万字等不一，中心是用银花镶嵌的红珊瑚或绿松石大珠子。银花与边缘图案之间一般是景泰蓝工艺或镀色的磁珠。围绕这个小半圆形，是两行穿在一起的小珊瑚珠子，一律黄豆大小。这些珠子的线头从方头那里面穿出来，加上从方头中间穿出的另外四根线头（整个饰件不能有空隙，全部用宝石或珍珠覆盖，整个头饰的其余部件也全是如此），共八根绳头各穿一个大珠、两个小珠，然后打住疙瘩，从背面绷住。外面一圈边缘还要用筷头银线压出来。

　　奥如达格的里面，挨着 D 形半圆片弧形的那边，要绷一个略小的 D 形片，上面是一个鼓出的银花，挨着妇人的脸庞。奥如达格佩戴的时候，自然圆头一面朝脸，方头一面朝脖颈，稍稍倾斜一些，不要正好与发套垂直。

　　发套上粗下细中空，用厚纸或碎布片裱成硬壳，外裹黑缎做底，上用各色丝线绣出鲜花，或角银线缉出，或根据粗细宽容不同绷三片古。飘带用薄软的黑布做成宝剑形，上面绣上山水花鸟等物，挂在发套下面。这是面颊一面的情况，另一面与之完全一样，以取对称。这些东西组合起来的总称就是练椎。练椎从头顶开始，顺着两颊，经过乳峰（正好盖上），下垂及膝。唯达拉特旗练椎短小，不到 30 厘米。

　　练椎所用之木，不能从同根的一棵树上截取，两边的木棒要

分别取自两棵树上，也能从蒙古包的哈那上截取。妇女不再嫁时，
此木一般不换。这种练椎梳洗不是很方便，"其发不恒理，理则
必刷以胶"。这种记载可能是真实的，便不一定是胶。

　　头戴就是达罗勒嘎。包括发箍、后屏、护耳、垂饰、马鬃、
耳坠六件。

　　已婚妇女梳两个长辫，用黑布做两只辫套把辫子装在里面，
吊在胸前。辫套上绣有花纹图案或缀以银质圆牌首饰，蒙古语叫
"哈都尔"。手戴镯子、戒指，耳戴耳坠。未婚女子把头发从前
方中间分开，扎上两个发根，发根上面带两个大圆珠，发稍下垂，
并用玛瑙、珊瑚、碧玉等装饰。

18

昭德格是蒙古搏克最具象征性的符号和特征，也是最具蒙古族特色的服饰之一。

民俗是与人们日常生活息息相关的生活文化，其中包含着丰富的符号系统和象征意义。民俗文化中的符号与象征，以一种约定俗成的民间惯例和内容丰富的民俗语言满足人们的心理需求，体现民众的信仰和追求。所谓象征，作为一种表达方式，是借助

于特定具体的事物，寄寓某种精神品质或抽象事理，显现出抽象的意蕴。民俗现象都是用不同的代码传递着某种特别的信息。在民俗交流活动中，每一个信息也都是用符号构成的，包括语言的和非语言的。民俗符号系统的客观存在，并非随意，而是具有较为固定的结构，遵循着一定的规律。民俗符号作为民俗表现体，是用某一个民俗事物做代表，来表现或表示它所能表示的对象，最后则要由具体背景中的人对它的含义或概念做出公认的解释。那达慕作为蒙古族的一项重要民俗事象，它具有丰富多彩的符号象征体系，并通过应用这些符号，隐性地表达着蒙古族民众深层的信仰和追求。

那达慕是从蒙古族游牧生产生活中发生、发展演变而来的具有悠久历史的民俗事象，它以被誉为"男儿三艺"的搏克、赛马和射箭为核心，同时又集中体现蒙古族服饰文化、饮食文化、信仰文化、表演文化、游艺文化及以商贸文化，是体现蒙古族民众

深层文化性格的文化追求的综合文化载体。

　　传统那达慕伴随敖包祭祀、寺庙朝会相伴而行，具有神圣的一面。它又是各级政府为政治、经济目的而借用的庆祝方式，具有为政治、经济服务的功能，因而也糅杂了很多表达政治、经济文化的符号象征。那达慕更是蒙古族民众生产之余的聚会和娱乐方式，不论是敖包那达慕还是其他类型的那达慕，蒙古族特色的服饰和饮食成为最为标识性的符号。如今，那达慕已发展成为蒙古族的一个复合文化符号，表达着丰富的文化内涵。那达慕的符号表达中，装饰符号使得那达慕更加色彩斑斓，并通过应用这些显性的符号，隐性地表达着蒙古族民众深层的信仰和追求。

将嘎　将嘎是搏克手荣誉、气魄、灵魂的象征，只有在相当级别的那达慕上获得冠军时，才有资格佩戴，此后获得一次冠军，将嘎上就再增添一束五彩绸带。绸缎条儿越多，说明获胜的次数越多。将嘎用缎制哈达制作成项圈，并垂以黄、绿、红、白、蓝五色彩条。这五色代表了金黄的世界，碧绿的草原，红色的晚霞，白色的云彩，蓝色的天空。用这五种颜色装饰而成的将嘎被称作"彩虹将嘎"。

《十善福白史册》载"将嘎是蒙古人从远古时期传下来的祭祀仪式上用作立誓或宣誓的一种物品"。"过去进入名次的搏克手，那些高僧大师们除了给奖赏外，还把印有经文的将嘎戴到他们的脖子上"。将嘎的授予也是神圣的仪式，中华人民共和国成立前，寺庙活佛或官方政府才有资格授予将嘎。而且将嘎的大小、多少都有严格的规制，不可任意添加。现在，由政府授予，但不同地区有不同的规定。东乌珠穆沁旗规定"在128名搏克手的赛事上，夺冠三次者才被授予'将嘎'"。

将嘎是荣誉的象征，更是一种资格和身份的象征，凝聚和寄

托着蒙古人对力量、对英雄崇拜的精神追求和向往。授予搏克将嘎亦被赋予了"神性"，具有了神力，是所在部落的力量与生命之象征。

　　昭德格　昭德格是蒙古搏克最具象征性的符号和特征，也是最具蒙古族特色的服饰之一。一般由香牛皮制作，少量用粗面革、毡子和布制作。式样可分为开放式和封闭式两种。开放式又叫蝴蝶昭德格，因为形状类似蝴蝶翅。昭德格不论用什么材料制作，领口、袖子、四周一带一定要用香牛皮或粗草革层层镶边，用皮筋、丝线、麻筋等密缝起来，并在这些部位和后腰两侧，镶嵌银泡钉或铜泡钉，便于搏克抓牢。泡钉的数量根据其形状大小有524个、256个不等，这个数字与搏克比赛人数"2"的乘倍数，有着内在的关系。在昭德格的后心处，有个5寸见方或圆月形的银镜或铜镜。

镜上雕刻着龙、凤、狮、虎四雄及象、鹿等图案，象征搏克手如同这些猛兽一般英勇、威武。也有饰以各种吉祥纹样和蒙古文篆字，如"乌珠穆沁""苏尼特"等，来标识自己所属地域。著名搏克手一般都亲自缝自己专用的昭德格，平日不比赛时将它折叠包裹好放置在高处，以远离"不洁"；比赛时穿着自己的昭德格，而不愿借给别人，以避免因"他人的失利"而影响自己"黑目力"（气运）不佳。

昭德格如同铠甲，具有古代军戎服饰的特点，隐含着搏克曾作为蒙古族一种军事技能在历史上的存在，承载和传递着蒙古族对过去的记忆。

陶秀或陶胡 即套裤，配套在白色摔跤裙上作为护腿之用。它是搏克服饰中最美的装饰之一。用颜色鲜艳的缎子做料，用各色锦线、金银线绣出边，再用刺绣和粘贴工艺描出龙、凤、狮、虎四雄以及蝙蝠、万字符、八宝等各种图案。双膝部位绣有圣火、祥云等吉祥纹样。这些图案表达了搏克手求吉的心理，意味着像火一样旺盛，像四雄一样力大无比。

而这些装饰都是由女人一针一线缝制出来的，正如有位搏克手所言："男人会摔跤，女人不会缝制很遗憾；女人会缝制，男人不会摔跤不完美。"因而，搏克赛场上展现的不仅是男人的威武雄壮，也可领略蒙古族女性的贤淑灵巧。

赛马装饰 敬马心理贯穿于蒙古人精神生活的各个领域，主要以民歌、赞马词、塑像、供奉、祭祀、装饰等形式来表现崇马心理，不管是在文学作品中，还是在生活的每一个细节当中，马永远是优美、崇高的形象，永远是精神力量和吉祥如意的象征。马的身上不仅仅饱含着蒙古人的全部感情和热情，而且也寄托着、传承着、充分体现着蒙古人的理想、追求。事实上马已经成为蒙古民族的一种精神表征。

作为那达慕中男儿三艺的一项重要内容，赛马同样充满了象

征，也被寄予了许多的愿望，而赛马的装饰就是其中一种。马鬃、马尾非常贵重，蒙古族常用它进行占卜。因为马鬃、马尾被视为是马的"黑目力"（气运），象征着马的神运。在乌珠穆沁地区，为在比赛中防止马鬃挡住赛马的眼睛，将顶鬃高高梳起，并用彩色绸缎缠系，如同小辫儿一样让它翘立。为了减少奔跑中的阻力，用红绳或各色绸缎束裹马尾（九节下方三指左右的位置）。这种妆饰一方面能够"提醒"赛马抖擞精神，挑战比赛，另一方面又使代表着马的神运的马鬃、马尾高高翘起，提升赛马的运气，获得神的福佑，取得优良的成绩。这一装饰是非常古老的传统，要追溯到岩画时代。在乌珠穆沁现代赛马中仍沿袭了这一古老的符号表征，传递着相同的追求和骑手的美好愿望。此外，有的赛马脖子上，还佩带上铜铃，有的则佩戴上五色"将嘎"。也有的在马额头戴上铜镜，祈愿为马匹照亮前途，避免坎坷，使它平安、顺利地到达终点。

　　骑手服饰　　骑手服饰主要以使小骑手穿起来轻便、灵巧、活泼、朝气、吸引目光、惹人喜爱为出发点，主要包括裙袍和骑士帽子。乌珠穆沁的赛马骑手有专门的服饰，但没有统一标准，根

据各自喜好自由制作。裙袍颜色以粉红、天蓝、白色等亮色为主，用柔软的绸料制作，前后开襟，保证轻巧、吸汗。在衣襟、袖口、裙边都绣有动物或吉祥图案。另外，为了尽可能降低赛马的负重，骑手一般不穿鞋子，只穿布袜子；即使穿鞋，也选轻便的布鞋。骑手的头饰有尖顶圆帽、船形帽，也有用彩绸包头等。帽顶有流苏，帽子前段有小镜子或绣有吉祥图案，帽后有穗儿，在马背上飞奔起来如蝶飞燕舞。

19

一些久经沙场、多次夺魁的布魁，年过半百时就要把自己的摔跤坎肩和吉祥带，传给他认为有希望的后代或是乡邻里崭露头角的新手，还要举行一个有趣的仪式。

辽阔的乌珠穆沁草原是摔跤手的摇篮。这里摔跤的传统源远流长，盛名至今不衰。康熙五年（1666 年），在清政府主持的全国盛会上，安珠在 1024 名摔跤手参赛的大比武中独占鳌头。19 世纪初，巴特尔朝克图参加清廷的京师盛会，又以头名布魁载誉而归。19 世纪上半叶的摔跤手都仁嘉嘎，更是牧民传说和歌谣中

的人物。所以，乌珠穆沁的摔跤服装也具有其独特的代表性和典型性。

摔跤坎肩　这是为便于对方抓拿的摔跤上衣。从质地看，有香牛皮、粗面革、毡子和布子四种。从式样看，是一种紧身坎肩，有领口无领，袖子很短，有个后片，前面几乎什么也没有，用两根皮条（坎肩上面带着）裹回来，扎在腰上就成。

围裙　这不是家庭主妇腰上围的那种围裙，而是把红、黄、蓝三色绸、缎、布条扎进来，穿缀在一根结实的皮条上，牢牢地扎在腰间，在摔跤坎肩下边、裤带和套裤裤腰上边再紧紧地捆上一层，让那些花花绿绿的布条垂下来，一行动就抖动起来，加上这身独特的打扮，往往给人一种无敌猛狮之类的奇想。

靴捆　摔跤手穿的靴子跟平时没有什么不同，但作用似乎不同。这是为了保护脚部，使人站稳，很好地发挥摔跤的各种技巧。为了防止靴子滑脱，要用一条结实的皮条捆几圈，这就是靴捆。长可六尺，宽约二公分，一头拴铜环、铁环，或打个死扣，在靴子上缠三到五圈。

包腿　乌珠穆沁摔跤手有个特点，"绊踢"的技巧用得十分普遍，为了保护小腿，便发明了包腿这种东西。将装砖茶的竹箱

拆开，把竹子削成竹篦儿，从踝骨开始，一直缠到膝盖以下。这就是包腿。

套裤 牧人平时骑马外出，为了保护裤子，温暖膝盖，也要穿套裤。但摔跤手穿的套裤基本上成了装饰品。尤其是新手，一定要用颜色鲜艳的缎子做料，用各色库锦和金银线绣出边来，再用刺绣和粘贴工艺描出四雄和蝙蝠、万字各种图案。看去像大戏里的武将腿上戴的甲一样。里面的裤子也特肥，上面像羊胃一样有无数褶子，据说也有护裆的作用。

吉祥带 就是摔跤手脖子上戴的绸缎条儿，戴得越多的说明获胜的次数越多。这绸缎条儿虽然不过一指多宽，却不是随便给的，它是同奖品一起赠送的。64名摔跤手比赛夺魁的布魁，可以得到一块三角形的吉祥带（整方绸子的一半）。128名摔跤手比赛夺冠的布魁，可以得到一匹打了结的绸哈达。

乌珠穆沁有交接吉祥带的习俗。一些久经沙场、多次夺魁的布魁，年过半百时就要把自己的摔跤坎肩和吉祥带，传给他认为有希望的后代或是乡邻里崭露头角的新手，还要举行一个有趣的仪式。一般会选在一些大型的集会上（比如那达慕），经过上级事先批准，某两个人或几对人要被封为荣誉布魁。届时，这几个人来到会场，披挂整齐，互相摔三轮跤。不过并不是比赛，而是表演，最后要摔成和局，然后立于主席台前，由主持人简单介绍他们的生平事迹，过

去取得的荣誉，将奖品发给他们。奖品与这次即将夺冠的布魁相同或相近。受奖的布魁要当场将自己的坎肩和吉祥带解下，给选定的接班人穿戴上，预祝他比赛取得好名次，不要辜负老一辈的期望。这次发的奖品，是这些布魁一生中最后领到的奖品，也是最后一次参加比赛。

这个仪式结束，摔跤比赛才正式开始。

精心筛选的服饰面料

20

蒙古袍给人最大的感觉是鲜艳。不过，这其中有着季节、年龄、性别的区分。

蒙古袍是蒙古族服装的代表作，是服装的主体。有许多赞词、民谣，都是唱给袍子的。有许多传说和故事，也是为袍子编的。

大概人类刚从动物中分化出来的时候，是赤条条一丝不挂的。后来在中间部位披了些树叶或兽皮。以后就有了护腰似的东西，

把身体胡乱包裹起来，再以后护腰加上领子，两边加上带子，慢慢才发展成袍子。"今之圆领子袍，所以学古人之蔽叶披皮也"，正说明这个发展过程。至于头衣（帽子）和足衣（靴子），那是更靠后的事情。

布里雅特有一则传说：有一对老夫妻，有一个如花似玉的女儿，姑娘出嫁的时候，他们却犯了愁。老头就说："男子娶亲当女婿，要从家中披弓挎箭才能出发，姑娘出嫁的时候，应该有点什么行头呢？"老伴说："我给她做件新衣吧！"做新衣得有样子，你的样子在哪里呢？老伴伸出一只手掌说："样子就在这里！"她照着自己右手的大拇指，画了衣服左边（穿者的右边）的袖子，左手的大拇指，画了右边的袖子，手掌生命纹和感情纹中间宽大的部分，做了身子。一个袍子的雏形，就这样设计出来了。拇指第二关节的部分，相当于袖子的宽处（大臂），第一关节的部分，相当于袖子窄处（小臂）。指甲盖相当于马蹄袖。大拇指根宽大的部分，相当于袖笼和根。这虽然是一个传说，却说明袍子最初的产生，是从这种原始朴素的实践中来的。一直到现在，蒙古族有些妇女在一时找不到尺码的情况下，还用本人自己的手指量尺寸，袍长是本人的七拃，领长是本人的一拃加两指（半圈），事实证明，这种量法跟标准尺寸差距不大。

蒙古族妇女也像男子一样骑马，她们把一块蓝绸布系在衣袍腰上，胸前再围一条，再把一块白绸布系在眼睛下面，垂到胸前。她们骑着马在辽阔无垠的草原上驰

骋，显得英姿飒爽。他们服装的样式也很别致："由上而下开口，在胸部以衣里加固。这种制服仅仅在左部由唯一的一颗纽扣固定，右侧有三颗扣子；衣服在左侧开口，一直开到袖子。各种毛皮大衣也是根据同一样式裁制的，外套短皮袄的毛皮露在外面，同时也在身后开口，另外还有一条下摆，从背部一直拖到膝盖。"（《柏朗嘉宾蒙古行纪》）

最早用做蒙古袍的面料叫"达林达布"，20世纪60年代出现了"锡布"，锡布实际上就是普通棉布，现在多用来做里子，后来又有了绸子、的确良，等等。现在各种色彩缤纷的绸缎是20世纪80年代以后才有的，但深受蒙古人喜欢的金光闪闪的纺织品却由来已久了。

每一种布料做起来手感都不同，但工艺差别不大。最特殊的是皮袍子，皮袍子的面料加工起来很复杂，要用烟把皮子熏成烟火色，颜色非常漂亮，现在已经没有这种工艺了。皮子作为服装面料，在蒙古地区有更悠久的历史，羊皮、银鼠皮、狐皮、貂皮都曾是蒙古袍的面料。其中貂皮是比较贵重的，羊皮是普通百姓穿的。那时蒙古人都会有两件冬季的袍子，一件毛向里，一件毛向外。现在乌珠穆沁蒙古人冬天多穿羊羔皮、羊皮做里子，丝绸做面的袍子，羊羔或大羊的毛还要在边缘略略露出一点。获得大羊皮比较容易，因为蒙古人家里每年都要杀一些大羊，但是羊羔皮就比较难了。蒙古人没有吃羔羊肉的习惯，羊羔皮都是从冬天自然死亡的羊羔身上扒下来的，每只羊羔只能提供很小的一块皮，30只羊羔才能做一件袍子。现在牧民家牲畜都不多，好一点的人家每年才100多个新羊羔，每年死五六只就是很大的损失了，因此做一件羊羔皮的蒙古袍要攒好几年。

做皮袍时，毛皮的裁剪和弥对是一大学问。皮板的薄厚、软硬；皮毛的大小、逆顺，都要仔细斟酌比画，一旦裁坏就无法补救了。会配皮子的人，能把皮子配得像一张皮似的，看不出一点弥对的痕迹。几张皮子讲究综合利用，在保证质量的前提下，最大限度地利用材料。毛小质次的部分，一般用来做了底襟和袖子。横的缝子一定要错开，不能直通过去。牧区有许多妇女，从熟皮子到成品都能一手制作。

蒙古袍给人最大的感觉是鲜艳。不过，这其中有着季节、年龄、性别的区分，细节的东西很多。老年人穿着古铜色、暗色等以表现庄重，年轻人着亮色以显示活泼。喇嘛穿着以黄、红、紫色传达宗教气氛。男子一般用蓝、黑、灰、古铜色做面料。已婚女子用蓝、绿、青做面料。姑娘用粉红、品青做面料，童袍用黑、绿缎子制作。在款式上，老人宜宽大、短促。男袍宽而长，女袍细而短。身体高的人，袍子可以肥一些。身体矮的人，袍子反而要窄瘦一些。老人的袍子镶边一两行，年轻人至少三行。马蹄袖的大小也不一样，老年人宽大，年轻人窄小。夏季的服色要浅，冬季的服色要深。腰带的颜色要和袍子搭配，穿绿袍的人扎红腰带，穿蓝袍子的人扎黄腰带。

蒙古袍的户外功能

21

穿着蒙古袍是一件严肃的事情，尊重自己又尊重别人，端茶敬酒时不能捋袖，不能袒胸露颈，下摆不能从锅碗瓢盆上扫过。

　　游牧民族被世界史纲归类为骑马民族，这是根据一系列的生活因素决定的。它包括居住、餐饮、交通、服装，等等。就服装而言，绝大部分游牧民的服装是右衽设计（袍子的领子左片盖住右片，在右侧系扣），蒙古袍的功能不仅仅是一件衣服，宽大的蒙古袍还具有行囊的功能，长途游牧时携带的食品、短武器等随身用具都会从右侧装进袍子内。蒙古人一律从左侧上下马，相反的话袍

子里的物品很容易掉落。在过去，只有罪犯和俘虏被命令从右侧下马，以免他暗藏武器。这就像有航海传统的国家道路上至今还保留着车辆左行右驶的交通规则一样，不然，当时他们出海的码头上会一片混乱。若是对民族风俗的不理解和不尊重，就会很容易出现各种各样的误解。

"牧民身上的蒙古袍有着超长的袖子，距离他们的指尖起码有六英寸，放下来就成了手套，不过，他们已经把袖子卷了起来。头上也很简单，不是羊毛帽，顶多就是传统的尖帽，耳后根也没半点遮掩。傍晚，我和保罗都要架起高山帐篷，还拿出双层睡袋，才能勉强过夜。葛瑞尔、阿乌博德和其他的艺术家、志愿者挤一顶破破烂烂的帆布帐篷。但是，牧民们就胡乱找株低矮没几片树叶的柳树，在树后把马鞍排成一列，权充避风处，摊开马鞍上面的褥子，就这么睡下了。他们一个挨着一个，或许也能维持点体温吧。入夜之后，气温降到零下 12 度，加上吹来的寒风，身处旷野，酷寒可知，但是，牧民照样好端端的，也没看到谁因为体温过低而被冻死。"
（提姆·谢韦伦《寻找成吉思汗》）

蒙古人身材魁梧高大，所穿袍子也特别宽大。当地汉人的大皮袄，一般四张羊皮足够。而蒙古人的皮袍，竟多达八张。宽大又严实，封闭性很强。高领可以抵挡风寒，保护脖颈，少灌沙子。大襟很长，又带里襟，扣子错开钉，缭起干活方便，放下暖肚防寒。

过去没有那么多背心、秋衣、线衣、毛衣，汗褡子套皮袍可以穿到第二年的夏天。

游牧民族，轻装简从，过去大部分人家没有被子，只用里襟为褥，大襟为被，袖子为枕，只有少数富人，才有一种特制的睡袍，袖短、身长，分棉、毛两种，也是蒙古袍式的，不是后来的四服头被子。现在牧区有的老妪，仍用大襟往家兜干牛粪，相当簸箕的作用。至于把怀里当口袋的事，更是比比皆是，这跟如今穿紧身夹克衫的道理一样，钱、烟、什么都能揣，甚至能掏出一瓶酒来。

蒙古袍鞋帽的配备很有一套讲究。穿袍子的时候，不扎腰带也不好看，扎了腰带穿着布鞋也不好看，一定要穿靴子。真正是"足必踏靴，身必着袍，腰必束带"。负责祭奠成吉思汗的八大牙门图德，平时穿着可以随便，一到祭祀的时候，必须袍子和礼帽、鞋子配套，这样才能整体协调，严肃庄重。

穿着蒙古袍是一件严肃的事情，尊重自己又尊重别人，端茶敬酒时不能捋袖，不能袒胸露颈，下摆不能从锅碗瓢盆上扫过，"人有兄长，袍有衣领"，对领子分外看重，不能跨越。存放时领从西北，不能冲门。里襟是福襟，可以用来擦手，汉人不谙此俗，以为是不讲卫生。给佛像叩头时，要把前襟铺开。收拾存放袍子时，前襟要朝上，朝下是死人的衣服。路上碰见狐兔之类向怀里跑来，主大吉，有收入。遇上畜群宜顺时针绕过去，不能从中横穿。忌讳把袍袖转向后面。缝袍子时切忌留下线头。没沿线的袍子穿在身上被视为不祥，等等。

注重礼仪的蒙古袍穿戴

22

帽子、腰带是一种人格和尊严的象征，古时曾用这两件东西区分品级和地位。什么样官衔的人戴什么样的帽子、扎什么样的腰带，都有严格的规定。

　　任何民族的服饰，都要适合本民族所处的自然环境和生产特点。蒙古民族千百年来在蒙古高原上生存，那穿透力极强的雄风，那冻烂三岁牛犊脑袋的严寒，那铺天盖地的皑皑冰雪，那马背上漂泊不定的游牧生涯，都使他的衣食住行别无选择，形成了只能如此而不同于任何农业民族的独特体系。千百年来，几经改朝换代，风雨沧桑，蒙古服装的袍子、腰带、靴子的模式基本没变，

就是因为他们的生活相对稳定，没有离开高原、马背，和游牧生涯。

帽子上面已经介绍，四块瓦保护着两耳，一系带子下巴也保护了，就露出两只不怕冻的眼睛。靴子套上毡袜，勒子又长，零下四五十度的严寒能挺住，稍微着点水儿也湿不透。船形立筒靴，乘马纫镫十分方便，在草原上徒步行走，据说还能减少阻力。立筒靴还能保护脚后跟和小腿，不被镫盘镫绳磕着勒着。

马蹄袖原来是满族的服装形式，后来成为官服，王公贵族袍子上必加马蹄袖。马蹄袖先生于官，后涉及民众。先着于男，后普及到女。《绥远通志稿》采访乌兰察布盟各族，"袖物长，遮手，过膝，袖头作马蹄形。"马蹄袖是活的，可以别起、放下。别起以后干活利索，放下以后骑马不冻手。

乌珠穆沁的马蹄袖男女都有，款式相同，区别只在颜色上。马蹄袖的下面，跟袖子宽窄差不多，手背上有块三角形的布，类似马蹄，故曰马蹄袖。马蹄袖与袍色的搭配也有讲究，如系红缎皮袍，马蹄袖须用浅蓝平绒做贴边；如系浅蓝缎皮袍，马蹄袖宜用天蓝平绒贴边。挂里子水獭貂皮当然最合适。穷人买不起，就地取材用黑白山羊皮。如用白山羊皮，中间要夹层黑布，习惯上不单用白布。

马蹄袖过去是个讲究玩意儿，姑娘出嫁、拜火祭灶、逢年过节必须接马蹄袖，无马蹄袖不能到场。做丧事时才把马蹄袖取下来，有马蹄袖的前襟要掖在腰带里。

随着时代的发展，有些事情就走向了反面。阿拉善就是如此。以前袖口必接马蹄袖，现在除了隆重集会，配上有顶子的帽子接马蹄袖以外，平时已经不接。马蹄袖随袍子有冬夏之分，冬天接皮袖，夏天接布袖。

蒙古人在穿着上，似乎有重袍轻裤的倾向。袍子做工、面料、镶嵌都很讲究。中华民国时期，大库伦（今内蒙古商都县北）尚有值万金的袍子，没听说裤子怎么装饰。这可能由于裤子穿在里面，让袍子挡着，装饰了也看不见。另一个重要的原因，可能就

是因为有了护膝。生活在清末的罗卜桑悫丹写当时的风俗，说一般人袍子做下几种，裤子却不为所用。只是不分男女，多穿护膝。

后来的裤子，品种大概多了一些，布（缎）裤、棉裤、冬天用羊皮割的皮裤。但样子也比较单调，从《鄂尔多斯蒙古传统用具》一书中的插图来看，当时的裤子分为男女两款。男裤有裤腰，女裤无裤腰，左右开衩，各缀两根带子，系在腰间就行了。姑娘结婚就穿这种裤子，名曰"带裤"，亦素而无饰。不过护膝一词，只是一种翻译上的借用，它事实上比我们现在穿的护膝长得多，实际上就是一截短裤，上粗下细，下面的填进靴靿里，上面套进大腿上，订两条带子绑住。有用绵羊皮缝的，也有用面料絮上驼毛、棉花做的。套在单裤上面，自然非常保暖，骑马挺合适的。

帽子、腰带是一种人格和尊严的象征，古时曾用这两件东西区分品级和地位。什么样官衔的人戴什么样的帽子、扎什么样的腰带，都有严格的规定。男人戴帽子、扎腰带，

是一种"自由民"的标志，是奴隶还是自由民，从腰带上就能看出来。成吉思汗有一次跟其弟合撒儿闹矛盾，首先把他的帽子、腰带摘掉，让士兵捆起来。他们的母亲诃额仑闻讯连夜赶来，命令成吉思汗把他弟弟的绳索解开，帽子、腰带还给他，让他恢复身份。所以，蒙古人戴上这两样东西，就表示我是神圣的人，任何人平起平坐，你不能侵犯我。未婚的女子也扎腰带，表示男女平等，不受侵犯。结了婚有一个阶段不扎腰带，就表示对丈夫的忠诚和顺从。有人说称呼已经生子女子为布斯贵（没有腰带）就

是这么来的。

这样一来，戴帽扎腰带就成为一种富有严肃性、礼仪性的事情。在一些郑重的场合，比如集会、会客、敬酒、献茶，必须穿戴整齐，戴上帽子扎上腰带。平时不戴帽子的，敬酒时也一定要戴上才给你敬，和汉人脱帽表示尊敬正好相反。光着头拜见长者和参加宴会，被视为大忌。这也有个说法，蒙古人认为人体之首，帽子是头衣，扎腰带是"郑重的礼节"。戴帽扎腰带是尊严在身，禄马奔腾的意思。而且头重脚轻，帽子、腰带、袍子这三样东西，从来不跟袜子、裤子、靴子混在一起，这里有个上下脏净问题。尤其是帽子，从帽子上跨过就是从头上跨过，这是对主人最大的侮辱。两方摔跤手入场，举行仪式时都要戴帽子，以示郑重。比赛开始后怕掉在地下沾土。临时让各自的裁判拿在手里，比赛结束后再戴上。

不论何时何地，腰带和帽子都要放置在最高处。帽子且忌讳口子迎上放置，说那样得了病好得慢。不能互换着戴。如果换后出了事，要向帽子唾几下再戴。晚上睡觉，要解下腰带，折叠三折，放在枕头底下。有什么关键事情怕忘了，就绾个疙瘩放在旁边。收拾衣物时，最下放靴、袜，上来是裤子，而后是袍子，最上面放腰带和帽子。不能把这两件东西放在袍子下面，更不能放在鞋袜下面，尤其不能放在女人的衣裤下面。否则被视为大不吉利。戴坏的帽子，拿到一个干净的地方烧掉，就是好帽也不能送人。路上碰见靴子能捡，碰见帽子不能捡。因为帽子口朝下，人捡了不主好。平时这两件东西，让人打动都不高兴。《长春真人西游记》提到固姑冠时，就说"大忌人触"。

进蒙古包以前，一定要整理一下帽子、扣子、腰带，看看帽子戴正没有，扣子敞开没有，腰带扎好没有。下摆、刀子、袖子一定要垂下来。下摆掖在腰带上，袖子卷起来，刀子别在腰带上（应当垂挂下来）进别人家作客，都是不礼貌的行为。主人也要扎腰带（因为扎上腰带热，有时在家不扎腰带），来不及扎者，至少要扣上三道扣子，不能敞怀迎客。

第十四届蒙古族服装服饰大赛
THE 14TH MONGOLIAN COSTUME COMPETITION

袍服配件款式多

23

乌珠穆沁的坎肩只有男式，女子穿乌吉。男人的坎肩，女人的乌吉，都是场面上的衣服。在喜庆集会、重大典礼上必须穿着，显得人很精神，干活或骑马时穿着很方便。

现在蒙古服饰里最有特色的是乌珠穆沁服饰、呼伦贝尔的布里亚特服饰和西部的鄂尔多斯服饰。这三个地区的服饰保持得好，都跟文化传统的延续很有关系。乌珠穆沁和呼伦贝尔是草原和草原生活方式保存得最好的地区，鄂尔多斯的蒙古人是成吉思汗的守陵人，他们一贯对传统的重视程度很高。

蒙古袍种类繁多，各地名称不一。乌珠穆沁到目前为止，男女老少在实际生活上仍穿蒙古袍，所以可以作为一个标志详细介

绍。

特尔利克 肥大、袖长、领高。一般旁边开衩,沿着襟和裉钉有五道扣纽。

吊面皮袍 用七月皮或绵羊羔皮做里子,中间絮一层薄棉花,外面挂上面子,前襟和下面不要露出毛来。

这两种袍子的领、颈、裉、襟和下开衩,都要用几种颜色的库锦镶几指宽的边。每条库锦中间,再用颜色鲜艳的金银线窄绦子压边,接口处锁三角形或横杠形的线结子。

牧民穿的袍子一般钉六—九道纽扣:领二、裉一、襟和下衩钉双纽扣。纽扣用银子雕镂、嵌有红绿珊瑚。扣门三四指长,编结面成。

青年男子的袍子用单色库锦镶边,三指宽,不用绦子压边。钉纽扣、锁线结子跟女子差不多,区别在袖口上。新娘如用红缎为袍,肘以下要接绿缎小袖子。袖口用四色库锦镶五指宽的边,

中间也用金银线绦子压出来。这也是新娘的标志。老年人袍子镶边不用艳色材料，镶得也不宽。通常用颜色较深的单色平绒（蓝或黑）镶一指宽的边儿就行了。

鄂尔多斯的袍子多在春秋和冬季穿。宽袖竖领，小襟从领口开到裉里且向右斜。腿两边开衩，上衣较窄，下摆长。领、襟、裉、衩各有长扣门双扣。纽扣是银、铜"桃疙瘩"。扣门用布编织，有山羊皮、绵羊皮、绵羔羊皮和布袍多种，缎袍亦不少。山绵羊皮穿出油以后，用缎子挂面。春秋多穿布袍，用古铜色、天蓝色做面子，里面絮上棉花，用线沿出来就是棉袍。富人多穿羔皮吊蟒缎、库绵面子的皮袍，为当时一种时尚。

白茬皮袍 也叫大毛皮袍或老羊皮袍。把绵羊皮用牛粪烟熏黄，弥对好皮子，根据穿者身材大小裁出，用黑布或倭缎一宽一窄镶两道边儿。

白茬皮袍用八张绵羊皮，肩胸一张，前后襟用四张，底襟一张，袖子二张。

白茬皮袍一律冬天穿，男女均可，不过镶边男女有别。女子的领、襟、裉、前后下摆用三指宽的黑倭缎（大绒）镶边，黑倭缎上再用红缎条儿压些道道，形成红黑相间的彩虹效果。外缘用红绿库锦镶条窄边，同时皮袍的袖口和周边还要接一窄条白绵羔皮，目的是不让老羊皮毛露出来，同时增加美感。有的还嫌倭缎镶边不宽不美，在靠里的部位用红、蓝、彩虹或银线压齿纹。这就要在领子上另外贴边，白绵羊皮或水獭皮做里子，用缎子做面子，三色库锦镶边，不用倭缎镶边。这是女性高级大毛皮袍。男式大毛皮袍镶边

和女式区别不大，只是不用彩
虹和银线压边。有的男式为了
美观，在白茬皮袍的上述那些
地方镶个较宽的倭缎黑边，上
面再加上一道很窄的黑色库锦，
也用白绵羊皮接边缘。黑边靠
里的部位，用黑布或单色倭缎
镶一道宽一些的道子就行了，
不兴双道或用绦子压边及做彩
虹。

带襟袍　卫拉特蒙古女装。
用蓝、绿、黑色布、缎或大绒
做面。用一种专门的蓝或黑布
做里子。袖、衩、下摆边上也
要刺绣，做时根据穿衣人的身
材裁剪，齐腹画一条横线，裁
出横襟。领高四五指，用几层
布裱成硬衬子，用黄库锦四五

道子镶出来。前襟和领子一样，用几层布做硬衬子，用黄、绿、
红库锦镶四至六道子，用丝线绣出来。袖子也同样，配好各色库锦。
在离袖边三四指的地方镶沿。

翻毛皮衣　也叫翻毛光板皮大衣。冬天风雪天穿着，用绵羊
皮或长毛山羊皮做成，毛朝外，能挡风寒，不怕雨湿。

大氅　为现代服装。直开襟，长下摆，后开衩。用一拃长长
毛羔皮或宁夏滩羊皮制成，整张狐狸皮为领。沿前襟两排大黑扣，
后背有道横线，缀黑扣。

布衫　蒙古语中布衫的概念和汉语不尽一致。布衫分长短两
种，尚白色，均为夏天穿的单衣。名曰布衫，实际上往往用绸缎

等好料缝制。有短衫不出门之说，穿短衫不宜外出或去邻家走串，尤其女性见客必须穿长衫。

长衫 实际上就是袍子，领、襟、衩用红绿缎、库锦、绦子等镶边，袖口接马蹄袖。姑娘出嫁必须接马蹄袖，长衫也瘦一些，两边开衩，衩根丝线锁住。

乌珠穆沁长衫是妇女的一大工艺，颈、领、襟、裉、袖等部位，都用两种颜色的库锦搭配起来镶边，仍用窄绦子压边，边缘用丝线绣些齿纹。甚至胸部的里子的边上，也要用颜色鲜艳的绸缎或绣有云头花纹装饰出来。还有的地方，在袖肘上巴掌大的地方，用不同颜色的库锦绣出彩虹道子。这是年轻女子穿的长衫。

青年男式长衫，只在颈、领、襟、裉等处，用黑库锦镶一指宽的边儿。胸部和里子边上也可用艳色绸缎或花布做出。

男女白衫的扣门均三四指长，领、裉各一，襟、衩各二道。纽扣银质，嵌红绿小珊瑚，可以扣住或挂住。白衫长短因人而异，通常用白布18—20尺。

马褂 为男式粗短上衣，用花缎缝成，斜襟、铜钉、银纽扣。为男子成婚后的礼服。娶亲、拜年、因公私外出，都要在长袍外面套马褂，配以藤帽和绣花布靴，以彰显神气和威严。

坎肩 坎肩是套在长袍外面的短衣，斜襟男式，直襟女式。无领无袖，宽边，用绸缎等好料缝制，库锦镶边。女式坎肩扎腰带以后，能充分突出隆起的胸部。男式有扣门子，钉铜疙瘩。女式有扣门子，缀镀金的蝙蝠、蝴蝶、莲花银扣，光彩夺目。姑娘不穿坎肩，一穿坎肩、扎上腰带就成为人妻。

乌珠穆沁的坎肩只有男式，女子穿乌吉。男人的坎肩，女人的乌吉，都是场面上的衣服。在喜庆集会、重大典礼上必须穿着，显得人很精神，干活或骑马时穿着很方便。

坎肩分普通和带工艺两种，也有年龄的区别。用各种颜色的绸缎为面子，一般面料做里子裁剪缝纫而成。一定要有四片下摆。它的颈、领、襟、裉和四衩，都用黑、红色的大绒或库锦做镶边镶起来。四衩的头上用方形的库锦锁住，角上也用各种丝线横缉二道子镶住。工艺坎肩的面料更加亮丽，镶边也更宽一些，每道镶边的中间也压绦子，并用金银线绣出各种花纹。钉金线扣门和镶嵌珊瑚的银扣。乌珠穆沁的老年男子，用熟出来的山绵羊皮熏好剪裁成坎肩，用黑色或古铜色的布镶边。

乌吉　乌吉相传是忽必烈大汗的爱妃琪比发明的。有一天，大汗去打猎，身边带着爱妃琪比。琪比穿了一件无领无袖，前不开襟，后身比前胸宽一倍，有两条腰带的衣袍。忽必烈看见大喜，觉得这件衣服能挡风寒，穿着轻巧，于戴盔披甲乘马骑射都很方便，便命宫中仿制。如今穿的乌吉和斗篷，就是这么来的。

鄂尔多斯的乌吉上身形同坎肩，无袖，直襟，缀大银扣，下摆一，两边开衩，扎腰带的地方捏有摺子。选绿或黑条纹的团花缎子做面料。

乌珠穆沁的乌吉有无大襟与有大襟两类，有大襟为女子服，无大襟为夫人服。分为普通乌吉与工艺乌吉两类。

工艺乌吉主要是工艺和用料比较考究。金纹黑缎、银条黑缎和水蟒缎、蓝纹库绵缎都是理想的面料。牧民穿的乌吉无领无袖，只有圆领口和袖笼，上身像个背心。一般有四片下摆，四个下开衩，每衩用各色丝线绣出种种花纹或动物图案。领口、肩头、裉里、下摆周围都要用四指多宽的各色库锦镶边，接缝中间压绦子，里面也要缝些红条纹道子和金银丝线压条。

普通乌吉的面料用黑缎、蓝缎或黑布，用蓝、黑倭缎宽一些镶边就可以了。领子用两种颜色的库锦镶两道。裉里的衩子不镶边，只镶前胸后背的衩子。挂里子钉纽扣的做法与工艺乌吉一样。

雨衣 用毡子擀成，形如汉族孩子穿的"棉猴"，帽子和身子连在一起，装饰简陋，风雨天在野外放牧穿着，雨淋不透，能挡风寒。

腰带 蒙古人管已婚女人叫作"布斯贵"，就跟腰带有关。腰带在蒙古语中称为"布斯"，"贵"是个否定词，过去结了婚的媳妇是不系腰带的。用料一般都是绸缎或者布匹，男子也有用熟皮做的，两头留毛边或穗穗。长约三尺到一丈八尺不等。青年男女颜色以蓝、青、绿、橙、棕为多。扎法是：将腰带拿在手里，找着一头，留出一小截，两手抓着腰带从腹部送过去，在背后交叉挽一下，再从前面抽过来，短的那截也就到头了，就让它留在右面，穗头垂下。然后往身上缠那截长的，什么时候缠完，什么时候掖在缠住的腰带后边就行了。平时，男子不扎腰带不能出门，女子没坎肩不能出门。除腰带外，腰里不能扎驼缰、马绊、绳索之类东西进门。

皮靴 蒙古靴是蒙古服饰里重要的一部分。几乎每个牧民——不管大人、孩子都会穿，尤其是在冬天。蒙古靴用很厚的牛皮做成，有的外表雕花，上缘还有一圈花边。靴子的里面有一双特别的"袜子"，这个袜子也是靴子形的，硬的，冬天穿的是毡子的，夏天穿棉的。蒙古靴不仅漂亮，而且防水、防寒。

鄂尔多斯人冬天穿牛皮靴或香牛皮靴，套毡袜。靴头尖圆而不翘起，靴帮和靴勒相接的地方以及靴面上都夹进绿夹条。靴底用裱了一指厚的衬子纳成。乌珠穆沁靴子的靴鼻子也比较秃。皮靴后跟的里面，冬天要多衬一层毡子，用麻线或棉线纳出鸡爪纹后和后包跟紧紧贴在一起。这样做的目的，一是为了实用，度过塞北的严冬，使靴帮子结实，不易折断，同时也是为了好看。如果靴底磨烂了，女人们会用毡或布做新底，用麻绳或丝线纳出，绱在帮子上。

布靴 布靴也叫马鞋，这个词可能是从汉语借来的。当地土语读作"沙海"。做布靴是对妇女的一种考验。脚尖脚跟、靴帮和勒子上都有刺绣和纳出的花纹。有云纹、回纹、草纹、万字及蝙蝠、蝴蝶、鱼虫、花卉等，不一而足。

软底皮靴 软底靴结实、轻巧，穿在脚上舒服，用牛、马、驼皮制作。还有专门做给小孩穿的儿童鞋，用自熟的头皮或兽皮做成。

袜子 有毛袜、毡袜、布袜多种，布袜有刺绣花纹的习惯。毛袜是用驼毛或绵羊毛自己捻线自己织的。牧区有的男人也会这种工艺，放羊的时候，没事就捻线织袜子。毡袜是用绵羊的秋毛擀的，黑色的好看，白色的暖和。

手绢 手绢跟手镯、戒指一样，过去曾是表达爱情的礼物和信物。姑娘长大成人以后，学刺绣是当务之急。在手绢的四个角上，用各色丝线绣出蝶、燕、鹰、松、花等各种图样，送给自己的心上人。

可爱有趣的儿童服饰

24

孩子长到六七岁以后（"胡儿十岁能骑马"是保守说法），就骑上快马参加比赛。大人们就给他（她）专门做一种参赛帽，实际上是个帽圈，前高后低，高出的部分渐上渐窄，变成一个三角，顶端缀点红缨，中间画个☆或缀个玉块，或红缨帽上安个小镜子，远远地就能把光线返回来。

古老民族有些习俗，有时会保留在最年幼的小儿身上。呼伦贝尔草原上五六岁的蒙古族小孩，头上都留三撮毛，囟门一撮，两边头上两撮，很是憨稚可爱。这就是三搭头，古代蒙古人的发型。大约800年前，豁里察儿沙尔大约也是这个年龄的时候，要杀死托雷。一位名叫阿拉坦的妇人过来，揪拉了他脑瓜盖上的小辫，才救了托雷一命。看来当时豁里察儿沙尔留的，恐怕就是今天呼伦贝尔小儿的发型，只是编成辫子而已。

这种三搭头型，并不只是小儿才留的，当是古代男人们普遍发式。《蒙鞑备录》载："上至成吉思汗，下及国人，皆剃婆焦如中国少儿留三搭头。在囟门的稍长则剪之；在

两下的总小角，垂于肩上。"郑所南《心史·大义略叙》："鞑主剃三搭，辫发"。"云三搭者，环剃去顶上一弯头发，留当前发，剪短散垂；却析两旁发，垂绾两髻，悬加左右肩衣袄，曰不狼儿……或合辫为一，直拖垂衣背。"电影《成吉思汗》中出现的诸多文臣武将，都是留的三搭头，其艺术灵感很有可能就是从这里来的。

孩子着装也有着一些有趣的故事，例如，苏尼特部给孩子穿新衣时，先要在家狗身上穿一穿，念一道经，用奶子、奶皮或油脂，把里襟象征性地抹画一下，在他（她）额头吻一下，抓着新袍的下摆祝福道：

在你前面的下摆上

小马驹儿撒着欢儿

在你后面的下摆上

小羊羔儿撒着欢儿

在你里面的前襟上

沾着油茶奶皮儿

衣物脆弱

主人永恒

愿你从今往后

永远吃好穿新

唱完给他（她）手里放点好吃的或是拿上新买回来的玩具。

孩子穿上，欢天喜地到邻家夸耀去了。

孩子长到六七岁以后（"胡儿十岁能骑马"是保守说法），

就骑上快马参加比赛。大人们就给他（她）专门做一种参赛帽，实际上是个帽圈，前高后低，高出的部分渐上渐窄，变成一个三角，顶端缀点红缨，中间画个☆或缀个玉块，或红缨帽上安个小镜子，远远地就能把光线返回来。这是为给等在终止线上的家长们看的。上身穿一件尽量轻便的汗衫儿或小披风，颜色特艳，跑起来迎风飞扬，宛如长出翅膀。

25

蒙古族服饰以宽袍阔带著称，其色彩明亮浓郁，其中显示了蒙古人热情、彪悍、豪放的性格。

《敕勒歌》中描述的"敕勒川，阴山下，天似穹庐，笼盖四野。天苍苍，野茫茫，风吹草低见牛羊。"反映了蒙古民族赖以生存的游牧生活方式离不开蓝天、白云和辽阔草原，这种独特的地理环境决定了蒙古族对服饰色彩审美意识的独特性。

针对不同性别和年龄，蒙古族服饰色彩的使用也有所不同。如鄂尔多斯部服饰，男子长袍色彩大多以蓝色、乳白色、棕色布

帛为主，色彩倾向于暗淡，象征着蒙古族男子的粗犷坦荡、豁达沉稳。女子长袍色彩多以粉红色、淡蓝色、绿色布帛为主，象征女子的美丽宽厚、勤劳善良。他们的无领对襟坎肩色彩较长袍艳丽，用金黄色库锦或同类色、邻近色绣花缎子镶边，配以银扣或铜扣。使得蒙古族服饰既呈现出大气、沉稳的美感，又能够折射出其民族悠久的历史沉淀感。

在蒙古族看来，生命的繁衍生息都源自于大自然的恩赐，久而久之形成了尊重自然、保护自然的思想意识，并对其生活有密切关系的自然物加以崇拜，在蒙古族的审美意识形态中表现出对天地崇敬，与自然和谐共生的特点。因而在崇拜自然的图腾文化影响下，大自然的色彩也在蒙古人的民族文化领域中被赋予了独特的含义，是蒙古族对游牧生活的文化记忆。蒙古族的服饰颜色多选用明快、纯净的色彩，如蓝色、白色、黄色、红色等，并使用同类色和邻近色进行服饰色彩调配，以黑色、深棕色、深赭色以及紫红色等纯度和明度低的色彩做底色，通过色彩对比来烘托纯度高的颜色。

就色彩的文化象征意义而言，蒙古族认

为是苍天和大地保证了生命的繁衍生息，所以敬天为"天父"，敬大地为"地母"，蓝色代表了天空的颜色，象征着永恒、崇高、坚贞和忠诚。黑色象征大地，代表哺育儿女的母亲，象征庄严、凝重和真诚。绿色代表了草原的颜色，象征着繁衍和生息。白色在牧民眼中是云、乳汁和羊毛的颜色，象征着纯洁、吉祥、美好和富裕。沙漠的黄色被蒙古族视为高贵和神圣的象征，

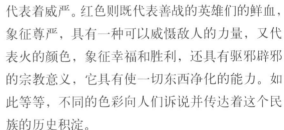

代表着威严。红色则既代表善战的英雄们的鲜血，象征尊严，具有一种可以威慑敌人的力量，又代表火的颜色，象征幸福和胜利，还具有驱邪辟邪的宗教意义，它具有使一切东西净化的能力。如此等等，不同的色彩向人们诉说并传达着这个民族的历史积淀。

蒙古族服饰以宽袍阔带著称，其色彩明亮浓郁，其中显示了蒙古人热情、彪悍、豪放的性格。早先的袍子并没有马蹄袖，袖口一般接一节貂皮、狐皮或松鼠皮。平时毛朝外固定在袖口处，当作一种装饰，天冷或手握缰绳时放下来，起到手套的作用。

蒙古族分为喀尔喀、布里亚特、杜尔伯特、土尔扈特、巴尔虎、乌珠穆沁、巴雅特、达里甘嘎、乌梁海、和硕特、巴林、明安特、扎哈沁、

大日哈特、厄鲁特等诸多部落。这些部落服饰的颜色、面料、款式、做工的形式，其主要和细微的区别就在于使用了不同的装饰物。

蒙古族在长期的生产和生活实践中，创造了许多具有民族风格的花纹图案。其中有以五畜和花鸟为内容的动植物图案，以山、水、云、火为内容的自然风景图案，以吉祥如意为内容的"乌力吉"（吉祥）图案等。这些富有草原生活气息的民间图案，其表现手法千姿百态，绚丽多彩。

蒙古族服饰的很多部位均有各种图案装饰，这些图案装饰大都是通过刺绣来表现的。例如帽子、耳套、长袍、坎肩、摔跤衣、赛马服、皮靴、马海靴、烟荷包、鼻烟壶、褡裢、碗袋、针线包等，都有一定格式的图案装饰。这些图案也常常是根据自己的喜好选择，如杏花、牡丹、荷花、桃花、鱼、马、鹿、蝴蝶和鸟类以及"卐"字形图案等等。每种图案都有一种特定的寓意，都是蒙古人古老的自然崇拜和图腾崇拜的遗迹。其中使用的主要纹饰图案，大都有"结""回纹""卐""法轮""寿""莲花"等，根据不同的用途和寓意组合和变形而成。

蒙古族各种服饰的镶边工艺，既是服饰必不可少的有机组成部分，也是其风格特点和艺术特色的表现。一件做工精美的长袍，不仅取决于它的样式，也取决于其款式风格、面料色彩相协调的镶边。

有种佩挂在妇女袍子右上襟扣子上叫荷包的饰物，小巧玲珑，精致华美，是蒙古族服饰装饰与多功能实用的集中代表。

荷包的上方是开口的，里面放有一个缝制精巧的"舌头"，"舌头"的上端连着佩挂的绳带，下

端是穗带。上下抽动绳带，"舌头"就可以从袋内向外移动。妇女在"舌头"上别放针线，也把采集来的香料（麝香或草原上野生的花草）装在"舌头"里边，随时散放馨香。有些妇女则把用翡翠、珊瑚、玛瑙或琥珀雕制的"呼壶热"（鼻烟壶）放在"舌头"里面。一些虔诚的佛教徒，还在"舌头"里面放进仙丹。由此可见，荷包既是妆饰品，又是针线包，还可作香囊等。

朋友接到你送的荷包，说明你和他（她）有着情同手足般的友谊；恋人接到你送的荷包，说明你对他（她）十分钟情。如果姑娘的荷包绣制得精美，说明这个姑娘聪明、勤奋、手巧，会成为众多小伙追求的对象。这时的荷包，又成为传递友情和爱情的使者。

逢年过节和喜庆的日子，蒙古人则穿戴雍容华贵的服饰，其中男子的金银佩带、妇女的金银珠宝头饰以及他们所穿戴的华美的帽子、靴子、长袍、马褂、坎肩、敖吉最引人注目。这些豪华的装饰、美丽的图案、鲜艳的色彩，为世人赞叹不已。而这些服饰的结构严密、配套合理的制作工艺，特别是其中的镶边工艺、图案工艺、刺绣工艺和扣袢工艺，体现了浓郁的民族工艺特点。展现给世人一幅幅五彩斑斓、美不胜收的画卷。

参考书目

1．郭雨桥著：《郭氏蒙古通》，作家出版社 1999 年版。

2．陈寿朋著：《草原文化的生态魂》，人民出版社 2007 年版。

3．邓九刚著：《茶叶之路》，内蒙古人民出版社 2000 年版。

4．杰克·威泽弗德（美）：《成吉思汗与今日世界之形成》，重庆出版社 2009 年版。

5．度阴山：《成吉思汗：意志征服世界》，北京联合出版公司 2015 年出版。

6．提姆·谢韦伦（英）：《寻找成吉思汗》，重庆出版社 2005 年出版。

7．宝力格编著：《话说草原》，内蒙古大学出版社 2012 年版。

8．雷纳·格鲁塞（法）著，龚钺译：《蒙古帝国史》，商务印书馆 1989 年版。

9．王国维校注：《蒙鞑备录笺注》，（石印线装本）

10．余太山编、许全胜注：《黑鞑事略校注》，兰州大学出版社 2014 年版。

11．朱风、贾敬颜（译）：《蒙古黄金史纲》，内蒙古人民出版社 1985 年版。

12．额尔登泰、乌云达赉校勘：《蒙古秘史》，内蒙古人民出版社 1980 年版。

13．（清）萨囊彻辰著：《蒙古源流》，道润梯步译校，内蒙古人民出版社 1980 年版。

14．郝益东著：《草原天道》，中信出版社 2012 年版。

15．刘建禄著：《草原文史漫笔》，内蒙古人民出版社 2012 年版。

16．道尔吉、梁一孺、赵永铣编译评注：《蒙古族历代文学作品选》，内蒙古人民出版社 1980 年版。

17．《蒙古族文学史》：辽宁民族出版社 1994 年版。

18．王景志著：《中国蒙古族舞蹈艺术论》，内蒙古大学出版社 2009 年版。

19．郭永明、巴雅尔、赵星、东晴《鄂尔多斯民歌》，内蒙古人民出版社 1979 年版。

20．那顺德力格尔主编：《北中国情谣》，中国对外翻译出版公司 1997 年版。

后记

经过反复修改、审核、校对，这套《草原民俗风情漫话》即将付梓。在这里，编者向在本套丛书编写过程中，大力支持和友情提供文字资料、精美图片的单位、个人表示感谢：

首先感谢内蒙古人民出版社资料室、内蒙古图书馆提供文字资料；

感谢内蒙古饭店、格日勒阿妈奶茶馆在继《请到草原来》系列之《走遍内蒙古》《吃遍内蒙古》之后再次提供图片；

感谢内蒙古锡林浩特市西乌珠穆沁旗"男儿三艺"博物馆的工作人员提供帮助，让编者单独拍摄；

感谢鄂尔多斯市旅游发展委员会友情提供的2016"鄂尔多斯美"旅游摄影大赛获奖作品中的精美图片；

感谢内蒙古武川县青克尔牧家乐演艺中心王补祥先生，在该演艺中心《一代天骄》剧组演出期间友情提供的"零距离、无限次"的拍摄条件以及吃、住、行等精心安排和热情接待；

特别鸣谢来自呼和浩特市容天艺德舞蹈培训机构的"金牌"舞蹈老师彭媛女士提供的个人影像特写；

感谢西乌珠穆沁旗妇联主席桃日大姐友情提供的图片；

感谢内蒙古奈迪民族服饰有限公司在采风拍摄过程中提供的服装和图片；

感谢神华集团包神铁路有限责任公司汪爱君女士放弃休息时间，驾车引领编者往返于多个采风单位；

感谢袁双进、谢澎、马日平、甄宝强、刘忠谦、王彦琴、梁生荣等各位摄影爱好者及老师，在百忙之中友情提供的大量精心挑选的精美图片以及尚泽青同学的手绘插图。

另外，本套丛书在编写过程中，参阅了大量的文献、书刊以及网络参考资料，各分册丛书中，所有采用的人名、地名及相关的蒙古语汉译名称，在章节和段落中或有译名文字的不同表达，其表述文字均以参考书目及相关资料中的原作为准，不再另行修正或校注说明，若有不足和不当之处，敬请读者批评指正和多加谅解。